Dnyaneshwar Jagtap
Vilas Bhale

Cultivo do híbrido de algodão Deshi

Dnyaneshwar Jagtap
Vilas Bhale

Cultivo do híbrido de algodão Deshi

ScienciaScripts

Imprint

Any brand names and product names mentioned in this book are subject to trademark, brand or patent protection and are trademarks or registered trademarks of their respective holders. The use of brand names, product names, common names, trade names, product descriptions etc. even without a particular marking in this work is in no way to be construed to mean that such names may be regarded as unrestricted in respect of trademark and brand protection legislation and could thus be used by anyone.

Cover image: www.ingimage.com

This book is a translation from the original published under ISBN 978-3-330-07580-1.

Publisher:
Sciencia Scripts
is a trademark of
Dodo Books Indian Ocean Ltd. and OmniScriptum S.R.L publishing group

120 High Road, East Finchley, London, N2 9ED, United Kingdom
Str. Armeneasca 28/1, office 1, Chisinau MD-2012, Republic of Moldova, Europe
Printed at: see last page
ISBN: 978-620-7-62004-3

ÍNDICE

CAPÍTULO - I

INTRODUÇÃO

O algodão, um tipo de fibra de vestuário que desde tempos imemoriais tem desempenhado um papel vital na história e na civilização da humanidade. O algodão está a ser cultivado em 80 países do mundo, dos quais os cinco maiores produtores são a China, os EUA, a Índia, o Paquistão e o Uzbequistão. O algodão é uma das culturas comerciais mais importantes da Índia. Sustenta a indústria têxtil de algodão do país, que é o maior segmento das indústrias organizadas do país. A sua contribuição para a economia indiana é significativa, uma vez que gera mais de 30% das divisas estrangeiras, num montante de 10 a 12 mil milhões de euros, com a exportação de fios de algodão, linhas, tecidos, vestuário e artigos confeccionados, etc. O algodão proporciona emprego remunerado a mais de 60 milhões de pessoas no país, que se dedicam ao seu cultivo, descaroçamento, fiação, fabrico, produção e comercialização (Sherry e Anupkumar, 2004). As últimas estimativas sobre o algodão mundial apontam para uma área de 34,4 milhões de hectares, com uma produção de 25,00 MT e uma produtividade de 726 kg de fibra por hectare, o que representa um aumento de 7,0 MT ou 23% em relação à época anterior. A área cultivada com algodão na Índia é de 91,32 lakh hectares, com uma produção de 270 lakh fardos e uma produtividade de 503 kg de fibra por hectare (AICSCA, 2006-07). A Índia ocupa o primeiro lugar em termos de área e constitui mais de 25% da área mundial cultivada com algodão, ocupando a terceira posição em termos de produção, a seguir apenas à China e aos EUA.

Em Maharashtra, o algodão é cultivado numa área de 29,80 lakh hectares, com uma produção de 52,00 lakh fardos e uma produtividade média de 297 kg lint/ha (Anónimo, 2006). A produtividade do algodão na Índia está muito aquém da média mundial. Maharashtra ocupa uma posição de destaque no que respeita ao rendimento total, mas a produtividade é muito inferior à média nacional.

Gossypium arboreum, espécie de algodão, é a mais amplamente distribuída no país. Tem tolerância ao stress e é cultivado em vários tipos de solos. A necessidade de proteção vegetal da espécie *arboreum* é menor do que a da espécie *hirsutum*. A estrutura das folhas da espécie *arboreum* é geneticamente modificada para desenvolver tolerância à humidade e às pragas, em comparação com o *hirsutum*. O custo das sementes dos híbridos de *hirsutum* e dos pesticidas é mais elevado, o que representa um pesado encargo para os cultivadores. Os híbridos de *hirsutum* são mais susceptíveis ao stress hídrico. Nesta situação, as espécies *arbóreas* são conhecidas pela sua tolerância ao stress. Mas o seu potencial de rendimento é comparativamente baixo.

As espécies actuais de *arbóreas* são, na sua maioria, de hábito indeterminado e a sua fenologia dificulta a gestão, incluindo a colheita do algodão. Os híbridos têm um potencial de rendimento mais elevado e podem produzir fenologias diferentes que permitem uma melhor gestão, incluindo a colheita do algodão. Recentemente, algumas empresas privadas desenvolveram híbridos de *arbóreo*, mas a necessidade atual de aumentar a produtividade e a sustentabilidade do algodão prende-se com as suas exigências fenológicas e com os nutrientes, em especial o azoto.

Tendo em conta os pontos acima referidos, foi concebida e conduzida uma experiência intitulada "RESPOSTA DA HÍBRIDA DE ALGODÃO DESHI À DENSIDADE DAS PLANTAS E AOS NÍVEIS DE NITROGÉNIO" na quinta de investigação do Departamento de Agronomia, Universidade Agrícola de Marathwada, Parbhani, durante a estação *Kharif* de 2007-08, com os seguintes objectivos

1.   Descobrir a densidade de plantas adequada para um crescimento e rendimento óptimos do algodão.

2.   Otimizar o nível de azoto para aumentar o rendimento e melhorar a qualidade do algodão.

3.   Estudar os efeitos da interação entre o azoto e o espaçamento para um melhor crescimento e rendimento do algodão.

CAPÍTULO II
REVISÃO DA LITERATURA

Sendo o algodão uma importante cultura de rendimento da agricultura de sequeiro, vários parâmetros de produção influenciam a produtividade. Entre estes, a densidade das plantas (espaçamento entre linhas e entre plantas), o N, o P e o K parecem ser aspectos fundamentais para aumentar a produtividade. Por conseguinte, neste capítulo, tenta-se apresentar resumidamente os trabalhos de investigação anteriores relacionados com o estudo.

2.1 Espaçamentos **entre plantas**

A maior parte dos estudos anteriores sobre plantas por unidade de área foi efectuada comparando diferentes espaçamentos entre e dentro de estacas, juntamente com variações nas taxas de sementes e no número de plantas por colina no algodão. O espaçamento não é mais do que uma área disponibilizada para a planta crescer, que depende em grande parte do tipo de planta de algodão, da sua natureza de crescimento e do ambiente em que está a crescer.

2.1.1 Efeito dos espaçamentos entre plantas no crescimento das plantas e nos atributos de rendimento
de algodão.

Jain e Jain (1981) observaram que um espaçamento entre linhas de 60 **x** 45 cm^2 foi considerado ótimo e deu o maior número de cápsulas, ramos simpodiais e matéria seca de algodão.

Viereshwar Singh *et al.* (1981) observaram que um espaçamento mais estreito proporcionava uma maior população de plantas com um menor número de cápsulas por planta e, consequentemente, um menor rendimento por planta.

Dushev e Nikolov (1982) relataram que a diminuição da densidade de plantas de 1, 20.000 e 70.000, 50.000 e 30.000 plantas por hectare aumentou a altura da planta, o número de ramos e de cápsulas por planta de algodão.

Thirumurugan *et al.* (1984) observaram plantas mais altas sob espaçamento fechado e também relataram que os ramos simpodiais não foram afectados por diferentes espaçamentos. A partir do trabalho relatado, ele inferiu que a densidade de plantas tem, em geral, uma relação inversa com o atributo de crescimento por planta.

Singh e Warsi (1985) observaram que, com um espaçamento mais próximo, a produção total de matéria seca e a altura das plantas eram maiores do que com um espaçamento mais largo:

Nehra *et al.* (1986) observaram que o espaçamento de 60 **x** 30 cm^2 era significativamente superior ao espaçamento mais próximo de 60 **x** 15 cm^2. Na sua opinião, a população ideal de plantas no algodão deshi deve ser de 55.555 plantas por hectare para obter o máximo rendimento de algodão em caroço.

Wankhade *et al.* (1987), ao estudarem as quatro espécies de Gossipium arboreum cultivadas nas densidades de 1,11,111, 74,074, 55,555, 37,037 e 27,778 plantas por hectare nos espaçamentos de 15,22,5, 30, 40 e 60 cm entre plantas num espaçamento equidistante de 60 cm entre linhas, registaram um aumento do rendimento com o aumento da densidade de plantas.

Guggari *et al.* (1992) verificaram que, no algodão deshi híbrido DDH-2, o número de cápsulas por planta aumentou significativamente com o aumento do espaçamento de 90 **x** 30 para 90 **x** 60 cm^2. A cultura com maior espaçamento produziu um número significativamente maior de cápsulas por planta.

De acordo com Chhabra e Bishnoi (1993), quando o algodão foi semeado em espaçamentos de 60 **x** 30 cm^2, 22,50 ou 15 cm em espaçamento estreito entre plantas, a matéria seca por planta diminuiu em todas as fases de crescimento.

Patel *et al.* (1995) referiram que a altura da planta, os ramos simpodiais e o número de cápsulas por planta eram mais elevados num espaçamento mais largo de 120 x 120 cm. 120 **x** 45 cm^2.

Bastia (2000) observou que a altura da planta era mais alta no espaçamento mais próximo (90 **x** 60 cm^2) e mais baixa (108,7 cm) no espaçamento mais largo (120 **x** 90 cm^2) onde, como, a tendência inversa foi notada em relação aos ramos simpodiais por planta.

Basavanneppa *et al.* (2000) observaram que o número de cápsulas colhidas/planta era maior no espaçamento de 60 **x** 30 cm^2 e era igual ao do espaçamento de 45 **x** 30 cm^2 . O peso da cápsula não diferiu significativamente com a mudança de espaçamento.

Hussain *et al* (2000) registaram um aumento da altura das plantas, do número de cápsulas por planta e do peso das cápsulas com um espaçamento de 30 cm.

Tomar *et al* (2002) observaram que um maior espaçamento entre linhas (75 cm), os atributos de rendimento como o rendimento/planta e o número de cápsulas/planta foram mais elevados, mas não houve impacto na altura da planta.

Nehra e Kumawat (2003) referiram que uma densidade de plantas mais baixa (32.941 plantas/ha) registou um peso de cápsula e um número de cápsulas/planta significativamente mais elevados, mas a altura das plantas não atingiu o nível de significância devido a diferentes densidades de plantas.

Thokale *et al.* (2004) relataram que a altura da planta era numericamente maior em 90 **x** 60 cm^2 do que em 90 **x** 90 cm^2 e 120 **x** 90 cm^2 espaçamentos. No entanto, o peso da cápsula e o número de cápsulas por planta foram maiores num espaçamento mais largo (120 **x** 90 cm^2) do que num espaçamento estreito.

Wankhade *et al.* (2005) observaram que a altura da planta e a acumulação de matéria seca eram mais elevadas em densidades de plantas mais elevadas (55.555 plantas/ha) e mais baixas em densidades de plantas mais baixas (22.222 plantas/ha), enquanto a tendência inversa foi observada em relação às cápsulas por planta.

Katore *et al.* (2006[a]) referiram que o número de cápsulas colhidas por planta era maior no algodão de espaçamento mais largo (90 x 60 cm^2) do que no de espaçamento estreito (60 x 60 cm).[2]

Moola Ram e Giri. (2006) observaram que uma densidade de plantas de 55 555 plantas/ha (60 x 30 cm^2 espaçamento) produziu significativamente mais altura do que uma densidade de plantas inferior, mas a acumulação de matéria seca por planta aumentou com a correspondente diminuição da população de plantas para 27 777 plantas/ha.

## 2.1.2	Efeito do espaçamento das plantas no rendimento

Padaki *et al.* (1997) referiram que os espaçamentos mais próximos de 45 **x** 15 cm^2 e

45 $\mathbf{x}$ 30 cm^2 registaram um rendimento significativamente mais elevado do que os espaçamentos mais largos.

Aher *et al.* (1981) observaram que o espaçamento de 60 $\mathbf{x}$ 60 cm^2 produziu um rendimento significativamente maior de algodão em caroço do que o espaçamento de 90 $\mathbf{x}$ 60 cm^2 .

Sharma *et al.* (1984) observaram que a variedade de algodão *Gossypium* arboreum LD -230 cultivada no espaçamento de 15 ou 30 cm em fileiras de 60 cm ou 75 cm de distância deu um rendimento semelhante.

Wankhade *et al.* (1987) relataram que as quatro cv de *Gossypium* arboreum cultivadas nos espaçamentos de 15 cm, 22,5 cm, 30 cm e 60 cm, num espaçamento equidistante de 60 cm entre linhas, deram rendimentos médios de algodão em caroço de 0,91, 0,88, 0,75 e 0,71 t/ha, respetivamente.

Guggari *et al.* (1992) observaram que o rendimento médio do algodão em caroço do híbrido de algodão deshi DDH-2 com espaçamentos de 90 $\mathbf{x}$ 30 cm^2 , 90 $\mathbf{x}$ 45 cm^2 e 90 $\mathbf{x}$ 60 cm^2 era de 1675, 1586 e 1524 kg/ha, respetivamente.

Wankhade e Bathkal (1994), ao estudarem genótipos de algodão deshi com quatro espaçamentos, relataram que a resposta do rendimento do algodão em caroço às densidades de plantas de 37.000, 56.000, 74.000 e 111.111 plantas por hectare foi de 1,21, 1,39, 1,58 e 1,60 t/ha, respetivamente.

Devi *et al* (1996) estudaram o algodão com densidades de plantas de 55,556, 74074 e 1, 1,111 plantas por ha e observaram que o rendimento do algodão em caroço era mais elevado a uma densidade de 1, 11,111 plantas/ha, ou seja, 2,55 t/ha.

Shekar *et al.* (1999) referiram que o rendimento mais elevado de kapas (2881 kg/ha) foi obtido com um espaçamento de 60 $\mathbf{x}$ 60 cm^2 e 90 $\mathbf{x}$ 30 cm^2 deu 75 kg/ha de rendimento de algodão em caroço.

Basavanneppa *et al.* (2000) obtiveram maior rendimento de algodão em caroço com espaçamento de 60 $\mathbf{x}$ 30 cm^2 que era igual ao espaçamento de 45 $\mathbf{x}$ 30 cm^2 .

Maitra *et al* (2000) mostraram que o algodão cultivado em espaçamentos de 45 $\mathbf{x}$ 30, 45 $\mathbf{x}$ 45, 60 $\mathbf{x}$ 30 e 60 $\mathbf{x}$ 45 cm^2 produziu 1108, 1392, 1436 e 1502 kg/ha de rendimento de algodão em caroço, respetivamente.

Narkhede *et al.* (2000) concluíram que espaçamentos mais próximos de 60 **x** 30 cm^2 produziram um rendimento de algodão em caroço significativamente mais elevado (1184 kg/ha) do que 60 **x** 60 cm^2 (999 kg/ha) e 60 **x** 15 cm^2 espaçamento (925 kg/ha). Sharma *et al* (2000) observaram que o espaçamento 60 **x** 15 cm^2 deu o maior rendimento médio de algodão em caroço e foi significativamente superior ao espaçamento mais largo 60 **x** 45 cm^2 . O rendimento mais elevado num espaçamento mais próximo entre plantas pode dever-se a uma maior densidade de plantas por unidade de área.

Brar *et al.* (2002) revelaram que o espaçamento recomendado de 67,5 **x** 30 cm^2 era o melhor espaçamento em relação aos espaçamentos de 67,5 **x** 45 cm^2 , 67,5 **x** 60 cm^2 , 100 **x** 30 cm^2 e 100 **x** 60 cm^2 com um rendimento mais elevado de 2337 kg/ha.

Thokale *et al* (2004) registaram um rendimento significativamente mais elevado de algodão em caroço (21,89 q/ha) com um espaçamento de 90 **x** 90 cm^2 do que com 90 **x** 60 cm^2 e 120 **x** 90^2 cm.

Moola Ram e Giri. (2006) observaram que uma densidade de plantas de 55 555 plantas/ha (espaçamento de 60 x 30 cm^2) produziu um rendimento de algodão em caroço/ha significativamente mais elevado do que densidades de plantas inferiores de 37 037 e 27 777 plantas/ha

Katore *et al.* (2006[b]) observaram que o rendimento do algodão em caroço era significativamente maior com uma densidade de plantas mais elevada, de 27 777 plantas/ha, do que com uma densidade de plantas mais baixa, de 18 518 plantas/ha

2.1.3   Efeito do espaçamento entre plantas na qualidade do algodão

Padaki *et al.* (1977) e Sharma *et al.* (1985) não encontraram diferenças significativas na percentagem de descaroçamento devido aos diferentes espaçamentos testados.

Ewedia *et al.* (1984) relataram que o aumento da largura da linha e do espaçamento entre colinas teve um pequeno efeito na precocidade e na percentagem de fibras.

Wali e Karaddi (1989) relataram que o índice de sementes não foi afetado devido a diferentes densidades de plantas.

Abraham *et al.* (1991) observaram que a variação na densidade das plantas não produziu qualquer efeito em nenhuma das características de qualidade da fibra em condições de sequeiro.

Wankhade *et al.* (1992) relataram que a percentagem de descaroçamento, o índice sed e o índice lint não foram afectados pelo espaçamento.

Tomar *et al.* (2002) avaliaram que o índice de fibras e o índice de sementes não diferiram devido ao espaçamento entre linhas.

2.1.4 Efeito do espaçamento entre plantas na absorção de azoto

Shanmugham *et al.* (1977) que referiram que a absorção de N, P e K por unidade de área estava inversamente relacionada com o espaçamento entre plantas.

Turkhede *et al.* (2002) referiram que a absorção de azoto tinha uma tendência crescente com a diminuição do espaçamento entre plantas e mostrou uma absorção máxima de azoto a 60 x 15 cm^2.

Dhillon *et al.* (2006) referiram que a absorção mais baixa de N e P nas plantas e sementes foi registada numa geometria de cultura mais larga, ou seja, 101,25 x 30 cm^2 e mais elevada numa geometria de cultura estreita, ou seja, 67,5 x 30 cm^2.

2.2 Efeito do azoto

2.2.1 Efeito do azoto nos atributos de crescimento e rendimento

Boonyoung *et al.* (1978) verificaram que o azoto aumentaram a altura da planta, a percentagem de fixação das cápsulas e o número de cápsulas por planta.

Thirumurugan *et al.* (1984) observaram que a altura da planta aumentava com o aumento dos níveis de azoto. O número de simpódios influenciou significativamente e a 120 kg N/ha registou um número significativamente mais elevado de cápsulas por planta quando comparado com outros níveis de azoto.

Singh e Warsi (1985) observaram um aumento significativo dos monopódios por planta, da altura por planta e da produção de caules secos com doses crescentes de azoto, mas o aumento dos simpódios por planta só foi registado com um nível mais elevado de 70 kg N/ha.

Nehra *et al.* (1986) não observaram um efeito significativo da aplicação de azoto na população de plantas do algodão deshi, mas observou-se que a altura da planta aumentou significativamente com o aumento do nível de azoto.

Yadav *et al.* (1991) verificaram que a aplicação de azoto à taxa de 80 kg N/ha aumentava a altura das plantas e o número de cápsulas por planta.

Ravankar *et al.* (1994) observaram que a acumulação de matéria seca aumentava progressivamente com o aumento do nível de azoto.

Tomar e Dhyani (1995) observaram um aumento significativo do número de cápsulas e do peso da cápsula com 60 kg N/ha no algodão deshi da variedade Rohit.

Devi *et al.* (1996) observaram um aumento da altura das plantas, do número de cápsulas e um crescimento vigoroso das plantas com a aplicação de azoto (160 kg/ha).

Katkar *et al.* (2000) registaram um aumento da altura das plantas e da acumulação de matéria seca com o aumento da taxa de azoto.

2.2.2 Efeito do azoto no rendimento

Birajdar *et al.* (1977) observaram que cada dose adicional de azoto aumentava significativamente o rendimento do algodão em caroço em relação ao nível de azoto anterior.

Karnail Singh (1977) em Ludhiana relatou que a aplicação de azoto aumentou significativamente o rendimento do algodão em caroço da variedade de algodão deshi G 67 até 90 kg N/ha.

Shaikh *et al.* (1981) referiram que o aumento dos níveis de azoto aplicados ao novo híbrido de algodão de 0 para 40 e 80 kg N/ha permitiu aumentar o rendimento do algodão em caroço de 623 para 780 e 814 kg/ha. A taxa óptima de azoto foi de 80 kg N/ha com um rendimento esperado de 812 kg.

Vireshwar Singh *et al.* (1981) verificaram que a aplicação de azoto aumentou significativamente o rendimento em 17% com 80 kg N/ha.

Nandwal *et al.* (1982) registaram um aumento do rendimento médio do algodão em caroço de duas variedades de algodão de 1,64 para 1,92 t/ha com o aumento das taxas de azoto de 0 para 80 kg N/ha.

Sharma *et al.* (1984) em Ludhiana, observaram valores máximos de rendimento de algodão em caroço de *Gossypium arboreum* variedade LD 230 com 62,5 kg N/ha.

Chandra *et al.* (1985) referiram que 40 e 80 kg N/ha resultaram num aumento significativo de 229 e 383 kg de sementes de algodão em relação ao controlo.

Kharche e Deshpande (1989) observaram que entre os quatro níveis de azoto (0, 20, 40 e 60 kg N/ha) o rendimento do algodão em caroço era mais elevado com 60 kg N/ha.

Jadhao *et al.* (1993), ao estudarem três híbridos de algodão com quatro doses de nitrogénio (40, 60, 80 e 100 kg N/ha) em quatro espaçamentos, observaram um aumento linear no rendimento do algodão em caroço com o aumento dos níveis de nitrogénio. No entanto, 100 kg N/ha pareceu ser a dose óptima para produzir o máximo rendimento de algodão em caroço.

Ravankar *et al.* (1994) observaram que entre quatro níveis de azoto (0, 30, 60 e 90 kg N/ha) o rendimento do algodão em caroço era mais elevado com 90 kg N/ha.

Ramana *et al.* (2000) referiram que a aplicação de 80 kg/ha de azoto resultou num maior rendimento do algodão em caroço em comparação com 60 kg N/ha.

Sharma *et al.* (2001) estudaram três níveis de fertilizante de NPK (60:30:10, 80:40:20 e 100:50:30 kg/ha) e relataram que a aplicação de 80:40:20 NPK kg/ha provou ser significativamente melhor do que 60:30:10 no que diz respeito ao rendimento do algodão em caroço em Khandwa (M.P.).

2.2.3 Efeito do azoto na qualidade do algodão

Kherde (1976) observou que os níveis de azoto não afectavam a percentagem de descaroçamento, mas aumentavam o peso das sementes e o índice de fibras.

Nandwate e Upadhyay (1978) obtiveram uma percentagem de descaroçamento mais elevada com 40 kg de N/ha do que com 80 kg de N/ha, mas o comprimento da fibra, a semente, a fibra e o índice de colheita não foram afectados.

Boonyong *et al.* (1978) observaram que a percentagem de descaroçamento foi reduzida com a aplicação de azoto.

Gawad *et al.* (1980) observaram que o índice de sementes aumentava com o aumento da aplicação de azoto, enquanto o rendimento do descaroçamento não era afetado.

Okkia *et al.* (1980) registaram um aumento do índice de sementes e uma diminuição da percentagem de fibras com o aumento das taxas de azoto da cv. Giza 69, mas o índice de precocidade não foi afetado.

Yasseen *et al.* (1990) relataram que a aplicação de azoto 90 kg/ha teve uma influência significativa no índice de sementes, mas não houve efeito significativo na percentagem de descaroçamento.

Kubde e Lakhdive (1993) referiram que a aplicação de azoto a 50 e 75 kg N/ha resultou numa maior percentagem de descaroçamento do que a aplicação de 25 kg N/ha.

Hussain *et al.* (2000) observaram que a aplicação de azoto não afectou o descaroçamento nem a qualidade da fibra.

Palomo *et al.* (2000) referiram que a melhor resposta em termos de azoto foi obtida com 80 kg/ha para o peso da cápsula, índice de sementes, número de cápsulas por planta, mas não houve resposta no que diz respeito à percentagem de fibras e à qualidade das fibras.

Hallikeri *et al.* (2004) observaram que a aplicação de níveis graduais de fertilizantes não mostrou qualquer efeito significativo na qualidade da fibra de caracteres de híbridos de algodão Bt.

Halemani *et al.* (2004) observaram que os caracteres de qualidade da fibra dos híbridos de algodão Bt.cotton não foram afectados por diferentes níveis de fertilizantes (75, 100 e 125 por cento do RDF, ou seja, 120:60:60 NPK kg/ha).

2.2.4 Efeito do azoto na absorção de azoto

Shanmugham *et al.* (1977) relataram que a absorção de N na planta e na semente aumentou com o aumento do nível de fertilizante.

Dhillon *et al.* (2006) referiram que a absorção de N pelas plantas e sementes aumentava com o aumento do nível de fertilizante.

Turkhede *et al.* (2002) referiram que a absorção de N tinha uma tendência crescente com o aumento do nível de azoto.

CAPÍTULO -III

MATERIAIS E MÉTODOS

Os pormenores relativos aos materiais utilizados e aos métodos adoptados no decurso do inquérito são resumidos no presente capítulo sob o título adequado.

3.1 Sítio experimental

O presente estudo foi efectuado na exploração agrícola do Departamento de Agronomia, Universidade Agrícola de Marathwada, Parbhani, durante a época de colheita de 2007-08.

3.2 Solo do campo experimental

O solo era bastante uniforme, nivelado e tinha uma boa drenagem. As amostras de solo dos estratos de 0-30 cm foram colhidas aleatoriamente em toda a área experimental, após a plantação mas antes da aplicação de estrumes e fertilizantes. Foi preparada uma amostra composta de solo e analisada quanto a várias propriedades físico-químicas. Os dados relevantes são apresentados no Quadro 1.

Os dados do quadro 1 revelam que o solo da parcela experimental era de textura argilosa, pobre em azoto disponível (104,25 kg ha^{-1}), médio em fósforo disponível (22,42 kg ha^{-1}) e rico em potássio disponível (326,00 kg ha^{-1}). O fornecimento de carbono orgânico foi considerado médio. O pH era ligeiramente alcalino, mas era normal para o crescimento da cultura. A condutividade eléctrica era normal.

Tabela 1. Propriedades físico-químicas do solo

Sr. Não.	Particularidades	Resultado	Método utilizado
A)	**Composição mecânica**		
1	Areia de curso (por cento)	3.42	Pipeta Internacional (Piper, 1966)
2	Areia fina (por cento)	7.73	Pipeta Internacional (Piper, 1966)
3	Silte (por cento)	28.76	Pipeta Internacional (Piper, 1966)
4	Argila (por cento)	60.09	Pipeta Internacional (Piper, 1966)
5.	Classe textural	Argila	
B)	**Composição química**		
1	Azoto disponível (kg ha-1)	104.25	Permanganato alcalino (Subbiah e Asija, 1956)
2	Fósforo disponível (kg ha-1)	22.42	Olsen (Chopra e Kanwar, 1976)
3	Potássio disponível (kg ha-1)	326.00	Fotómetro de chama (Piper, 1966)
4.	Carbono orgânico (por cento)	0.53	Oxidação húmida (Black, 1965)
C)	**Reação do solo**		
1	pH do solo	7.86	Medidor de pH com elétrodo de vidro (Chopra e Kanwar, 1976)
2	Condutividade eléctrica (mmhos/cm a 25° C)	0.32	Medidor de CE (Chopra e Kanwar, 1976)

3.3 Condições climáticas durante 2007-08
Os dados meteorológicos para o período correspondente de
registados no observatório meteorológico da Universidade Agrícola de Marathwada,
Parbhani, são apresentados no Quadro 2 e representados graficamente na Fig. 1.

Os dados apresentados no Quadro 2 mostram que as temperaturas médias máxima e mínima durante o período de cultivo (junho a fevereiro) variaram entre 31,55° C e 15,87° C, respetivamente. A humidade relativa média das horas da manhã e da noite variou entre 77,63 e 44,76 por cento. A média de horas de sol por dia foi de 7,78 horas/dia. A precipitação total recebida durante o período de crescimento da cultura (junho a fevereiro) em 2007-08 foi de 835,8 mm em 40 dias de chuva.

A primeira chuva de monção (68.8 mm) foi recebida em 4-10 de junho de 2007. Mais tarde, cerca de 50,80 mm de chuva foram recebidos durante 11-17 de junho de 2007, seguidos de 52,4 mm durante 18-24 de junho de 2007, seguidos de 72,4 mm durante 25 de junho-1 de julho de 2007. Assim, cerca de 244,00 mm de precipitação foram recebidos durante um período de 30 dias, o que foi suficiente para realizar a semeadura, que foi concluída em 4 de julho de 2007. Depois disso, de 16 de julho a 2 de setembro de 2007, foram recebidos cerca de 385,00 mm de precipitação em 15 dias chuvosos, o que ajudou no bom estabelecimento da cultura do algodão. Por conseguinte, durante as fases iniciais, o crescimento do algodão foi bom.

Mais tarde, houve chuvas frequentes e suficientes entre 3 de setembro e 4 de novembro (191,7 mm em 13 dias de chuva) que se correlacionaram com o grande período de crescimento do algodão, resultando num crescimento vegetativo ótimo da cultura. Durante 29th outubro a 4th novembro, cerca de 16.2 mm de precipitação foram recebidos num dia e depois disso não houve chuvas e a cultura sofreu com a condição de stress de humidade após a segunda quinzena de novembro de 2007 até à última

Tabela 2. Dados meteorológicos semanais para o ano de 2007 em Parbhani

MW	Datas	RF (mm)	Dias de chuva	Temp C°		Humidade %		VICE-PRESIDENTE EXECUTIVO (mm)	BSS (Hrs.)	W.V. (kmph)
				Máximo.	Min.	AM	PM			
22	28-03 de junho	2.2	0	39.0	24.7	61	29	10.5	9.7	5.8
23	04-10 de junho	68.8	2	37.1	22.6	71	37	7.0	7.5	7.2
24	11-17 de junho	50.8	1	36.2	22.7	75	42	7.2	10.0	6.3
25	18-24 de junho	52.4	3	34.2	21.9	82	56	4.3	7.0	8.0
26	25-01 de julho	72.4	4	31.9	20.9	86	61	2.9	2.8	7.8
27	02-08 de julho	14.8	2	31.7	21.0	80	60	4.9	6.0	9.3
28	09-15 de julho	0.0	0	32.1	20.8	76	53	4.8	3.5	6.5
29	16-22 de julho	17.8	1	33.3	21.3	79	53	5.0	6.2	4.7
30	23-29 de julho	108.8	4	32.2	19.6	85	64	3.8	6.4	4.1
31	30-05 de agosto	2.2	0	31.4	20.2	82	64	4.4	6.0	4.4
32	06-12 de agosto	15.4	2	30.9	18.9	83	65	4.5	5.4	6.8
33	13-19 de agosto	2.5	0	31.4	19.3	84	59	4.5	4.2	5.4
34	20-26 de agosto	72.6	4	31.8	19.8	85	58	4.9	7.2	4.6
35	27-02 Set	165.7	4	31.2	20.4	94	68	4.1	5.9	3.3
36	03-09 Set	24.2	1	31.1	20.9	83	62	4.5	6.2	3.8
37	10-16 de setembro	25.5	3	32.3	20.4	88	62	4.4	8.0	3.7
38	17-23 de setembro	105.6	6	30.5	17.5	93	72	3.6	4.0	4.1
39	24-30 de setembro	20.2	2	31.8	20.3	86	62	3.9	8.3	3.1
40	01-07 Out.	0.0	0	32.6	18.4	79	44	5.5	9.1	4.3
41	08-14 Out.	0.0	0	33.5	15.3	77	44	5.8	9.7	2.6
42	15-21 Out.	0.0	0	33.1	13.8	75	33	4.4	10.0	2.7
43	22-28 Out.	0.0	0	32.3	10.4	76	38	4.6	10.4	5.1
44	29-04 Nov.	16.2	1	31.2	16.2	81	48	4.3	6.7	3.6
45	05-11 Nov.	0.0	0	33.1	13.7	77	36	4.8	10.1	2.2
46	12-18 Nov.	0.0	0	31.5	9.8	78	29	4.4	10.0	2.7
47	19-25 Nov.	0.0	0	29.4	7.6	77	30	4.1	10.5	3.2

48	26-02 Dez.	0.0	0	29.6	8.6	73	32	4.1	9.1	3.2
49	03-09 Dez.	0.0	0	28.1	9.9	77	31	4.0	7.1	3.5
50	10-16 Dez.	0.0	0	29.9	12.7	68	38	4.4	8.7	2.8
51	17-23 Dez.	0.0	0	30.0	12.6	69	33	4.8	9.9	4.4
52	24-31 Dez.	0.0	0	28.7	12.1	62	27	4.1	8.6	1.9
01	01-07 Jan.	2.0	0.0	30.5	13.0	76	36	4.1	8.9	3.6
02	08-14 Jan.	0.0	0.0	30.8	10.7	77	31	3.9	9.6	2.6
03	15-21 de janeiro	0.0	0.0	31.7	10.9	74	28	4.4	10.3	2.6
04	22-28 de janeiro	0.0	0.0	28.9	9.6	71	27	3.9	9.8	3.1
05	29-04 Fev.	0.0	0.0	29.5	8.2	70	28	4.8	10.5	3.4
06	05-11 Fev	0.0	0.0	27.2	12.0	71	29	4.8	7.9	4.0
07	12-18 Fev.	0.0	0.0	31.8	15.7	670	34	5.9	9.3	5.1
08	19-25 Fev.	0.0	0.0	34.5	13.8	63	27	6.9	10.6	3.4

colheita. Assim, a precipitação total recebida durante o período de crescimento da cultura em 2007-08 foi de 835,8 mm em 40 dias de chuva, o que foi suficiente para o crescimento normal da cultura.

3. 4Histórico de cultivo do campo experimental

O historial de culturas da parcela experimental dos três últimos

anos é apresentado no Quadro 3.

Table 3. Historial das culturas no campo experimental

Ano	Época	
	Quaresma	Rabi
2004 - 2005	Soja	Pousio
2005 - 2006	Milho	Pousio
2006 - 2007	Milho	Pousio
2007 - 2008	Experiência atual	-

O padrão de cultivo indicou que a rotação de culturas de milho e segurelha foi seguida antes da realização da experiência de campo.

3.5 Pormenores experimentais

O experimento foi realizado em um delineamento fatorial em blocos casualizados com três repetições. Houve 9 combinações de tratamentos. A combinação de três espaçamentos e três níveis de azoto foi incluída. A Fig. 2 mostra a planta do projeto.

O tamanho bruto da parcela foi de 6,3 m x 6,0 m e o tamanho líquido da parcela foi de 4,5 m x 4,5 m para S1 e S2 e 4,5 m x 4,2 m para S3, respetivamente. Foi utilizada a variedade de algodão MRDC 227.

Detalhes do tratamento

	EspaçamentosNíveis de azoto
S1 : 90 x 60	cmN1 : 60 kg/ha
S2 : 90 x 75	cmN2 : 80 kg/ha
S3 : 90 x 90	cmN3 : 100 kg/ha

Aplicação basal de P e K @ 40 kg/ha

Desenho   : FRBD

Réplicas   : Três

Tamanho do terreno : Bruto: 6,3 m x 6,0 m

Rede: 4,5 m x 4,5 m (S1 e s2)

4,5 m x 4,2 m (s3)

Método de sementeira : Dibbling

Híbrido de algodão Deshi: MRDC- 227

Data de sementeira : 4th julho de 2007.

Datas de colheita   : 1st : 04.12.2007, 2nd : 25.12.2007,

3rd : 13.01.2008,   4th : 03.02.2008.

3.6 Cultivo

3.6.1 Lavoura preparatória

O terreno foi lavrado em profundidade com charrua puxada por trator imediatamente após a colheita da cultura anterior. Posteriormente, foi gradada duas vezes com grade de lâminas para obter uma cama de sementes solta e friável. Os restolhos da cultura anterior foram recolhidos antes da última gradagem.

3.6.2 Acções culturais

O calendário das operações culturais efectuadas no campo experimental ao longo do período de experimentação é apresentado no quadro 5.

3.7 Aplicações de fertilizantes

Os fertilizantes foram aplicados de acordo com os tratamentos. Meia dose de azoto através de ureia e dose completa de P2O5 e k2o foi aplicada através de 'Suphala' como uma aplicação basal pelo método do anel no momento da sementeira.

A adubação de cobertura da restante meia dose de azoto foi dada após 36 dias depois da sementeira através de ureia pelo método do anel.

3.8   Sementes e sementeiras

A cultura foi semeada a 4th de julho de 2007 por diblagem com duas sementes de algodão por colina, utilizando um espaçamento de 90 x 60, 90 x 75 e 90 x 90 cm^2 . A emergência começou em 8th de julho de 2007 e terminou em 12th de julho de 2007.

3.9   Preenchimento de lacunas e desbaste

O preenchimento das lacunas foi efectuado no dia 9th após a sementeira e o desbaste foi efectuada a 14th dias após a sementeira para atingir a população de plantas necessária.

Table 4. Calendário das acções culturais

Sr. Não.	Funcionamento	Frequência	Data da ação
1	Lavoura	1	13.6.2007
2	Angustiante	2	20.6.2007, 25.6.2007
3	Esquema da experiência	1	1.7.2007
4	Semeadura por diblagem das sementes	1	4.7.2007
5	Basalferti lizante aplicação	1	4.7.2007
6	Preenchimento de lacunas	1	12.7.2007
7	Desbaste	1	17.7.2007
8	Molho de cobertura	1	8.8.2007
9	Monda	2	25.7.2007, 20.8.2007
	Proteção das plantas medidas	3	5.8.2007, 26.8.2007, 25.9.2007
10	Enxada	2	26.8.2007, 21.9.2007
11	Seleção	4	4.12.2007, 25.12.2007, 13.1.2008, 3.2.2008
12	Arranque do caule	1	5.2.2008

3.10   Intercultura

Foram efectuadas duas mondas e três sacudidelas para manter a cultura livre de ervas daninhas e para controlar as perdas por evaporação da superfície do solo.

3.11 Medidas fitossanitárias

Foram tomadas medidas profilácticas contra insectos, pragas e doenças, de acordo com as recomendações. O calendário de pulverização de insecticidas, nomeadamente Rogor e endosulfan, e de fungicidas, nomeadamente oxicloreto de cobre, foi cumprido para proteger a cultura de pragas como pulgões, jassídeos, bollworms e doenças como a blackarm e a antracnose.

3.12 Colheita

3.12.1 Colheita do algodão

O algodão em caroço de cápsulas totalmente abertas foi colhido de vez em quando, separadamente, em cinco plantas de observação e cada parcela de rede foi pesada separadamente.

3.12.2 Arranque de plantas

Após a conclusão da última colheita, todas as plantas foram arrancadas separadamente da parcela da rede e utilizadas para a matéria seca para calcular o índice de colheita.

3.13 Recolha de dados

3.13.1 Contagem da emergência e estande final de plantas

A contagem da emergência aos 21 dias foi registada através da contagem do número de plantas por parcela de rede, que é convertida em percentagem e transformada em valores de arscina. O stand final das plantas foi registado através da contagem do número de colinas por parcela aos 210 dias após a sementeira, sendo também convertido em percentagem e transformado em valores de arcsine.

3.13.2 Técnica de amostragem

Foram seleccionadas aleatoriamente cinco plantas de cada parcela de rede utilizando a tabela aleatória de Tippet e essas plantas seleccionadas foram numeradas para registar as observações biométricas em várias fases de crescimento da cultura.

3.13.3 Linha de fronteira

A linha mais externa de cada lado foi deixada para evitar o efeito de borda.

3.13.4 Observações biométricas

3.13.4.1 Altura da planta (cm)

A altura da planta foi medida em cm a partir da base da planta, ou seja, ao nível do solo, até à base da última folha totalmente aberta no ápice. Foi registada a um intervalo de 30 dias, com efeito a partir de 30 dias após a sementeira (DAS) até 210 dias de crescimento da cultura.

3.13.4.3 Número de folhas por planta

O número total de folhas funcionais nas plantas observadas foi contado e registado em diferentes fases de crescimento da cultura, com um intervalo de um mês, desde os 30 dias de sementeira até aos 150 DAS.

3.13.4.4 Área foliar por planta (dm)^2

As folhas funcionais das plantas arrancadas da parcela bruta para o estudo da matéria seca foram retiradas e classificadas em três grupos: grandes, médias e pequenas. As folhas classificadas foram registadas e a área foliar real foi calculada com a ajuda da fórmula derivada por Kemp (1960) para cada grupo e depois somando o total de todos os grupos.

Área foliar = (C x L x 0,402) n

Onde,

L = Comprimento máximo da folha (cm)

W = Largura máxima da folha (cm)

0,402 = Constante de área foliar para *G. arboretum*

n = Número de folhas por planta

3.13.4.5 Número de ramos monopodiais por planta

Foi contado o número total de monopodias de cinco plantas observadas de cada parcela da rede e, dividindo o número total por cinco, foi calculado o número médio de ramos monopodiais por planta.

Quadro 5 Calendário das observações efectuadas no campo experimental

Sr. Não.	Observações	Frequência	DAS	N.º de plantas observadas
A)	**Contagem de emergência e estande final de plantas**			
1	Contagem de emergência	1	21	Todas as colinas da

				parcela líquida
2	Posição final	1	210	Todas as colinas da parcela líquida
B)	**Observações biométricas**			
1	Altura da planta	5	30, 60, 90, 120, 150, 180, 210	5
2	Número de folhas por planta	5	30, 60, 90, 120, 150, 180, 210	5
3	Área foliar por planta	5	30, 60, 90, 120, 150, 180, 210	5
4	N.º de ramos monopodiais por planta	2	60, 90	5
5	N.º de ramos simpodiais por planta	4	60, 90, 120, 150, 180, 210	5
6	Matéria seca total por planta	5	30, 60, 90, 120, 150, 180, 210	1
C)	**Caracteres que contribuem para o rendimento**			
1	N.º de cápsulas colhidas por planta	1	Em cada colheita	5
2	Peso de algodão caroço por planta	1	Em cada colheita	5
3	Peso do algodão caroço por cápsula (peso da cápsula)	1	Em cada colheita	5
D)	**Rendimento**			

1	Rendimento de algodão em caroço por parcela de rede	1	Em cada colheita	Todos os montes na parcela líquida
H)	**Estudos pós-colheita**			
1	Percentagem de descaroçamento	1	500 g de algodão caroço por parcela de rede de 1ˢᵗ duas colheitas	-
2	Comprimento da auréola	1	15 sementes por parcela de rede	-
3	Índice de cotão	1	Com base na percentagem de descaroçamento e no peso de 100 sementes	-
4	Índice de sementes	1	100 sementes por parcela de rede	-
5	Índice de precocidade	1	Com base nas colheitas	-
6	Índice de colheita	1	Com base no peso seco total das plantas de algodão e no peso seco total de	-
			rendimento de algodão em caroço por parcela líquida, em kg.	
I)	**Estudos de nutrientes**			
1	N disponível no solo	1	Após a colheita	-
2	Absorção de N pelo algodoeiro	1	Na colheita	-

3.13.4.4   Número de ramos simpodiais por planta

O número total de ramos frutíferos foi recolhido 60 dias após a sementeira, com um intervalo regular de 30 dias, em cinco plantas observadas, e o número médio de ramos simpodiais por planta foi calculado dividindo o número total por cinco.

3.13.4.5 Acumulação de matéria seca

O peso da matéria seca acumulada na planta é um índice do crescimento da planta. As raízes das plantas arrancadas para o estudo da matéria seca foram removidas e, após a remoção das raízes, as plantas foram secas ao ar sob o sol durante oito dias e, subsequentemente, secas na estufa termostática a $65 + 20$c, até ficarem completamente secas. O peso seco final constante foi registado como acumulação total de matéria seca em gramas (g) por planta.

3.13.4.6 Estudos sobre caracteres que contribuem para o rendimento

1.1.1 1Número de cápsulas colhidas por planta

As cápsulas foram colhidas em cinco plantas de observação em cada colheita e o seu número foi contado. O número total de cápsulas colhidas em cinco plantas de observação de todas as colheitas foi dividido por cinco para calcular o número de cápsulas colhidas por planta.

1.1.2 2Peso de algodão em caroço por planta (g)

O algodão em caroço das cápsulas colhidas em cada colheita das plantas observadas foi pesado e calculado para uma planta.

1.1.3 3Peso de algodão caroço por cápsula (peso da cápsula) (g)

O peso das cápsulas foi calculado a partir do rendimento em g de planta^{-1} dividido pelo número de cápsulas colhidas por planta.

1.1.4 4Rendimento de algodão em caroço por parcela de rede (kg ha)$^{-1}$

As cápsulas colhidas em cada parcela de rede foram pesadas e registadas em cada colheita após a adição de algodão em caroço das respectivas cinco parcelas de observação e convertidas em kg ha^{-1} .

3.15 Estudos pós-colheita

3.15.1 Percentagem de descaroçamento

A percentagem de descaroçamento foi calculada por tratamento a partir do algodão em caroço da segunda colheita (uma vez que o rendimento do algodão em caroço foi maior na segunda colheita), utilizando a seguinte formula

$$\text{Percentagem de descaroçamento} = \frac{\text{Peso do cotão (g)}}{\text{Peso do algodão em caroço (g)}} \times 100$$

3.15.2   Comprimento da auréola (mm)

O comprimento da auréola foi medido segundo um procedimento normalizado preconizado por Lyengar e Sen (1965), utilizando um disco de auréola de grandes dimensões. Foram retiradas cinco sementes com fiapos de cada amostra da segunda colheita e as fibras do lado direito de cada semente foram penteadas sob a forma de auréola, sendo depois lido o comprimento da auréola em pontos situados em três linhas radiais marcadas no disco de auréola. Foi calculada a média de três leituras para estimar o comprimento médio do halo em mm para um determinado tratamento.

3.15.3   Índice de sementes

O índice de sementes assegura a avaliação dos tipos com sementes corretamente desenvolvidas e conduz ao desenvolvimento do índice de fibras. Foi calculado com base no peso de 100 sementes de cada tratamento e expresso em g.

3.15.4   Índice de cotão

A percentagem de descaroçamento, por si só, não transmite qualquer ideia sobre a produção total de fibras. O índice de pluma, que é uma relação entre a pluma e a semente e é expresso em peso de pluma obtido por semente de algodão, dá uma produção absoluta de pluma por semente numa base de superfície, enquanto os resultados do descaroçamento dão apenas uma produção aproximada de pluma. Por conseguinte, o índice de pluma foi calculado para ultrapassar este inconveniente, utilizando a seguinte fórmula

$$\text{Índice de cotão} = \frac{\text{Peso de 100 sementes x Percentagem de descaroçamento}}{100 - \text{Percentagem de descaroçamento}}$$

3.15.5   Índice de precocidade

O índice de precocidade foi avaliado com base no peso do algodão em caroço obtido em cada colheita em relação ao número total de colheitas. A fórmula utilizada para calcular o índice de precocidade é a seguinte

$$\text{Índice de precocidade} = \frac{(P_1) + (P_1 + P_2) + (P_1 + P_2 + \text{----------} + P_n)}{n\,(P_1 + P_2 + \text{----------} + P_n)}$$

Onde,

P_1, P_2, ----------------------------- , Pn são os pesos das sementes de algodão colhidas em 1st , 2nd ------------------ , n^{th} picking e "n" é o número de pickings.

3.15.6   Índice de colheita

O índice de colheita é a relação entre o rendimento do algodão em caroço e o rendimento biológico na colheita (Jain, 1972). É calculado como :

$$\text{Índice de colheita} = \frac{\text{Rendimento do algodão em caroço em kg}}{\text{Rendimento biológico em kg}}$$

Onde,

Rendimento biológico = rendimento de sementes de algodão + rendimento de palha

3.16   Estudos químicos

3.16.1   Análise de plantas

3.16.1.1   Recolha e preparação de amostras de plantas

As amostras de plantas de algodão, em função do tratamento, foram recolhidas aquando da colheita. As plantas foram limpas esfregando-as com um pano e depois enxaguando-as com detergente, seguido de HCl 0,2 N e água desionizada. Depois de limpas, as plantas foram secas ao ar e em estufa a 70° C durante 12 horas e foram moídas num moinho elétrico de lâminas de aço inoxidável até à sua máxima finura. A amostra moída foi armazenada em sacos de polietileno com a devida rotulagem para análise química.

3.16.1.2   Preparação do extrato vegetal

Para cada tratamento, foi pesado com exatidão um grama de amostra de algodão composto em pó fino. Além disso, cada amostra foi misturada com 5 ml de ácido nítrico e mantida durante uma noite para pré-digestão. No dia seguinte, foram adicionados 10 ml de uma mistura triácida (HNO_3, $HClO_4$, $H2SO4$ numa proporção de 10 : 4 : 1) e digerida num banho de areia, tal como descrito por Piper (1966). Após a conclusão da digestão (resíduo branco claro), o extrato foi diluído e filtrado em papel de filtro Whatman n.º 42. Estes extractos foram utilizados para a determinação de fósforo, potássio, magnésio e boro.

3.16.1.3   Azoto total

O azoto das amostras de plantas e sementes foi determinado pelo método de Microkjeldahl (Tandon, 1993).

3.17 Absorção de nutrientes

A absorção de azoto foi calculada multiplicando o rendimento de algodão em caroço (kg ha^{-1}) ou matéria seca para a respectiva percentagem de teor de N no algodoeiro na colheita (Chopra e Kanwar, 1980).

3.   18Análise estatística   e interpretação dos dados

Os dados obtidos sobre as diversas variáveis foram analisados pelo método da análise de variância (Panse e Sukhatme, 1967). A variância total e o grau de liberdade (n^{-1}) foram divididos em possíveis fontes. A variância devida aos tratamentos foi comparada com a variância devida ao erro para determinar o valor 'F' e a significância a P = 0,05. Sempre que o resultado foi significativo, o erro padrão (E.P.) e a diferença crítica (D.C.) a um nível de probabilidade de 5 por cento foram calculados para comparar as médias dos tratamentos. Os dados foram devidamente ilustrados por gráficos e quadros nos locais apropriados.

CAPÍTULO IV
RESULTADOS EXPERIMENTAIS

Os dados resumidos, os parâmetros estatísticos e os resultados são apresentados neste capítulo.

4.1 Contagem de emergência e estande final de plantas

Os dados apresentados no Quadro 6 indicam que a contagem de emergência de plântulas e o estande final de plantas dos híbridos de algodão deshi não foram influenciados significativamente pelos vários espaçamentos entre plantas e níveis de nitrogénio. A contagem média de emergência e o estande final de plantas foram 80,06 e 77,14 (valores de Arcsine), respetivamente.

4.2 Atributos de crescimento

4.2.1 Altura da planta (cm)

Os dados sobre a altura média das plantas (cm) registada em várias fases de crescimento da cultura são apresentados no quadro 7 e representados na figura 2.

Os dados apresentados no quadro 7 revelam que a altura média das plantas aumentou em fases sucessivas e atingiu o seu máximo de 239,79 cm na colheita. A taxa de aumento da altura da planta foi lenta até 30 DAS, muito rápida entre 30 e 90 DAS e diminuiu após 90 dias até a colheita.

A altura máxima das plantas (242,89 cm) foi observada no espaçamento de 90 x 60 cm, seguido de 90 x 75 cm e 90 x 90 cm em todas as fases de crescimento da cultura, ou seja, 30, 60, 90, 120, 150, 180 DAS e na colheita. Aos 30 DAS, as diferenças na altura das plantas devido ao espaçamento foram marginais. No entanto, foram observadas diferenças significativas nos restantes estádios de crescimento da cultura

Tabela 6. Contagem média de emergência e estande final de plantas em diferentes tratamentos (valores de arcsin)

Tratamentos	Contagem de emergência	Estande final das plantas
Espaçamento (cm)		
S₁ - 90 x 60	76.67 (93.90)*	74.19 (94.66)
S2 - 90 x 75	81.79 (96.35)	78.78 (95.83)
S3 - 90 x 90	81.73 (96.20)	78.46 (95.44)
SEm +	2.35	1.45
CD a 5%	NS	NS
Azoto (kg/ha)		
N₁ - 60	78.23 (94.32)	75.35 (94.78)
N2 - 80	80.21 (96.15)	76.52 (95.03)
N3 - 100	81.75 (96.37)	79.56 (96.12)
SEm +	2.35	1.45
CD a 5%	NS	NS
Interação (S x N)		
SEm +	4.07	2.52
CD a 5%	NS	NS
Média geral	**80.06 (95.81)**	**77.14 (95.31)**

*Os valores entre parêntesis indicam a contagem real em percentagem

Tabela 7. Altura média (cm) do algodão influenciada por vários tratamentos em diferentes estágios de crescimento.

Tratamentos	Dias após a sementeira						
	30	60	90	120	150	180	Na colheita
Espaçamento (cm)							
Si - 90 x 60	18.84	155.74	190.78	212.00	229.11	240.56	242.89
S2 - 90 x 75	18.67	152.52	188.71	208.88	256.77	237.06	239.71
S3 - 90 x 90	17.54	149.80	185.76	204.40	220.19	233.00	236.78
SEm +	0.32	1.06	0.70	1.53	1.36	1.07	1.40
CD a 5%	NS	3.19	2.10	4.60	4.10	3.21	4.19
Azoto (kg/ha)							
Ni - 60	18.02	145.17	182.77	204.83	221.50	231.21	235.54
N2 - 80	18.12	151.53	188.26	209.00	224.84	237.84	239.83
N3 - 100	18.92	161.37	194.22	211.44	229.72	241.56	244.00
SEm +	0.32	1.06	0.70	1.53	1.36	1.07	1.40
CD a 5%	NS	3.19	2.10	4.60	4.10	3.21	4.19
Interação(SxN)							
SEm +	0.56	1.84	1.21	2.66	2.37	1.86	2.42
CD a 5%	NS	NS	NS	NS	NS	NS	NS
Média geral	**18.35**	**152.69**	**188.41**	**208.42**	**'225.35**	**236.87**	**239.79**

estágios. Aos 60 DAS, o espaçamento 90 x 60 cm registou a altura máxima da planta (155,74 cm), que foi igual a 90 x 75 cm e significativamente superior a 90 x 90 cm. A altura da planta a 90 x 75 e a 90 x 90 cm foram iguais entre si. Tendência semelhante foi observada aos 120 DAS e na colheita. Aos 90 DAS, a altura máxima da planta foi registada a 90 x 60 cm, que estava a par com 90 x 75 cm e foi significativamente superior ao espaçamento 90 x 90 cm. No entanto, os dois últimos foram iguais entre si. Observou-se uma tendência semelhante na colheita.

Aos 180 DAS, o espaçamento de 90 x 60 cm produziu significativamente mais altura de planta do que 90 x 75 cm e 90 x 90 cm. A altura da planta no espaçamento 90 x 75 cm também foi significativamente maior do que 90 x 90 cm.

Efeito do azoto

Cada nível mais elevado de azoto registou a maior altura de planta do que o seu nível inferior. A aplicação de 100 kg N/ha registou a maior altura de planta seguida de 80 kg e 60 kg N/ha em todos os dias de observação. Aos 30 DAS as diferenças na altura das plantas devido ao azoto foram marginais. No entanto, foram observadas diferenças significativas nas restantes fases de crescimento da cultura. Aos 60 DAS, a aplicação de 100 kg N/ha produziu significativamente mais altura de planta do que 80 kg N/ha e 60 kg N/ha. No entanto, 80 kg N/ha também registou uma altura de planta significativamente superior a 60 kg N/ha. Tendência semelhante foi observada aos 90 DAS e aos 180 DAS.

Aos 120 DAS, a altura das plantas com 100 kg N/ha foi igual a 80 kg N/ha e significativamente superior a 60 kg N/ha. No entanto, a altura das plantas com 80 kg N/ha e 60 kg N/ha foram iguais entre si. Aos 150 DAS, a altura das plantas com 100 kg de N/ha foi significativamente superior a 80 kg de N/ha e 60 kg de N/ha. No entanto, os dois últimos foram iguais entre si. Na colheita, 100 kg N/ha registou a altura máxima das plantas, que foi igual a 80 kg N/ha e significativamente superior a 60 kg N/ha. A altura das plantas com 80 kg de N/ha foi significativamente superior à de 60 kg de N/ha.

Efeito de interação

O efeito da interação entre o espaçamento e o azoto na altura das plantas não se verificou em todas as fases de crescimento da cultura.

4.2.2　　　Número médio de folhas funcionais por planta

Os dados relativos ao número de folhas por planta, influenciados pelos diferentes tratamentos em várias fases de crescimento da cultura, são apresentados no Quadro 8.

Os dados apresentados no quadro 8 revelam que o número de folhas aumentou gradualmente até aos 60 dias, aumentou rapidamente entre os 60 e os 90 DAS e atingiu o seu máximo aos 120 DAS e diminuiu gradualmente até à colheita.

Efeito do espaçamento

Aos 30 e 120 DAS, o efeito do espaçamento entre plantas não foi significativo. Aos 60 DAS, o espaçamento 90 x 90 cm registou um número significativamente mais elevado de folhas funcionais do que os espaçamentos 90 x 75 cm e 90 x 60 cm. O número de folhas nos espaçamentos 90 x 75 cm e 90 x 60 cm foi semelhante.

Aos 90 DAS, o espaçamento de 90 x 90 cm registou o número máximo de folhas, que foi igual a 90 x 75 cm e significativamente superior ao espaçamento de 90 x 60 cm. O número de folhas no espaçamento 90 x 75 cm também foi significativamente maior do que no espaçamento 90 x 60 cm.

Table 8. Número médio de folhas funcionais por planta como influenciado por diferentes tratamentos em várias fases de crescimento.

Tratamentos	Dias após a sementeira						
	30	60	90	120	150	180	Na colheita
Espaçamento (cm)							
S_i - 90 x 60	5.88	127.23	285.33	366.82	116.01	65.23	11.58
S2 - 90 x 75	6.06	129.07	299.91	368.10	118.73	76.65	13.11
S3 - 90 x 90	6.20	143.30	311.62	380.14	127.71	86.67	14.72
SEm +	0.11	3.18	4.56	4.90	3.01	2.18	0.80
CD a 5%	NS	9.52	13.65	NS	9.04	6.53	2.40
Azoto (kg/ha)							
N_i - 60	5.88	129.33	261.87	341.02	107.94	63.19	10.30
N2 - 80	6.06	130.42	306.48	368.84	119.04	76.63	12.94
N3 - 100	6.20	139.84	328.52	405.20	135.47	88.73	16.17
SEm +	0.11	3.18	4.56	4.90	3.01	2.18	0.80
CD a 5%	NS	NS	13.65	14.61	9.04	6.53	2.40
Interação(SxN)							
SEm +	0.19	5.50	7.90	8.50	5.23	3.78	1.39
CD a 5%	NS	NS	NS	NS	NS	NS	NS
Média geral	**6.04**	**133.19**	**298.95**	**371.68**	**120.81**	**76.18**	**13.13**

Aos 150 DAS, o número de folhas funcionais no espaçamento 90 x 90 cm foi igual ao do espaçamento 90 x 75 cm e significativamente superior ao do espaçamento 90 x 60 cm. No entanto, os dois últimos foram iguais um ao outro.

Aos 180 DAS, o espaçamento 90 x 90 cm produziu significativamente mais número de folhas do que 90 x 75 cm, que foi significativamente superior a 90 x 60 cm.

Efeito do azoto

A aplicação de cada nível mais elevado de azoto registou um número significativamente mais elevado de folhas funcionais.

Aos 30 DAS, as diferenças no número de folhas funcionais devido ao azoto foram marginais, tendo sido observada a mesma tendência aos 60 DAS. No entanto, foram observadas diferenças significativas nas restantes fases de crescimento da cultura.

Aos 90 DAS, a aplicação de 100 kg N/ha produziu significativamente um número máximo de folhas do que 80 kg N/ha, que foi significativamente superior a 60 kg N/ha. Tendência semelhante foi observada aos 120, 150, 180 DAS e na colheita.

Efeito de interação

Os efeitos de interação devidos aos diferentes factores em estudo não foram significativos no que diz respeito ao número de folhas em todos os dias de observação.

4.2.   3Área foliar   por planta (dm)^2

Os dados sobre a área foliar média (dm^2) por planta, afetada pelos diferentes tratamentos, são apresentados no Quadro 9. A área foliar média por planta aumentou desde a germinação até aos 120 DAS e depois diminuiu aos

Table 9.   Área foliar média (m2) por planta influenciada por diferentes tratamentos em várias fases de crescimento.

Tratamentos	Dias após a sementeira						
	30	60	90	120	150	180	Na colheita
Espaçamento (cm)							
Si - 90 x 60	2.36	30.65	71.13	77.06	33.20	23.20	13.04
S2 - 90 x 75	2.43	29.12	73.62	79.98	33.74	23.74	13.26
S3 - 90 x 90	2.49	31.67	76.02	82.32	35.11	25.10	15.33
SEm +	0.045	0.55	0.98	1.10	0.58	0.40	0.35
CD a 5%	NS	1.66	2.96	3.03	1.74	1.21	1.05
Azoto (kg/ha)							
Ni - 60	2.36	28.16	66.97	72.37	31.58	21.58	10.57
N2 - 80	2.43	30.22	72.76	81.29	33.80	23.80	13.32
N3 - 100	2.49	33.96	81.04	85.70	36.66	25.66	17.47
SEm +	0.045	0.55	0.98	1.01	0.58	0.40	0.35
CD a 5%	NS	1.66	2.96	3.03	1.74	1.21	1.05
Interação(SxN)							
SEm +	0.078	0.96	1.71	1.76	1.01	0.70	0.60
CD a 5%	NS	NS	NS	NS	NS	NS	NS
Média geral	**2.42**	**30.93**	**73.59**	**79.78**	**3.401**	**23.68**	**13.87**

colheita. A taxa de aumento da área foliar foi muito rápida durante os 60 a 90 DAS, aumentou a uma taxa decrescente durante os 90 a 120 DAS e foi reduzida a partir dos 150 DAS até à colheita devido à senescência das folhas.

Efeito do espaçamento

Aos 30 DAS, o efeito do espaçamento entre plantas na área foliar não foi significativo. Aos 60 DAS, o espaçamento de 90 x 90 cm registou uma área foliar média significativamente mais elevada do que 90 x 75 cm e 90 x 60 cm. A área foliar média nos espaçamentos 90 x 75 cm e 90 x 60 cm foi equivalente.

Aos 90 DAS, a área foliar média no espaçamento 90 x 90 cm foi igual à do espaçamento 90 x 75 cm e significativamente superior à do espaçamento 90 x 60 cm. No espaçamento 90 x 75 cm, a área média das folhas foi igual à do espaçamento 90 x 60 cm. Tendência semelhante foi observada aos 120 e 150 DAS.

Aos 180 DAS, a área foliar média no espaçamento 90 x 90 cm foi significativamente maior do que nos espaçamentos 90 x 75 cm e 90 x 60 cm. A área foliar média nos espaçamentos 90 x 75 cm e 90 x 60 cm foram iguais entre si. Observou-se uma tendência semelhante aquando da colheita.Efeito do azotoAos 30 DAS, o efeito do nível de azoto na área foliar não foi significativo.Aos 60 DAS, a aplicação de 100 kg N/ha de área foliar média foi significativamente maior do que 80 kg N/ha e 60 kg N/ha, que foram iguais entre si.Aos 90 DAS, a aplicação de 100 kg N/ha produziu significativamente uma área foliar máxima do que 80 kg N/ha, que foi significativamente superior a 60 kg N/ha. Tendência semelhante foi observada aos 120, 150, 180 e na colheita.

Efeito de interação

Os efeitos de interação devidos aos diferentes factores em estudo não foram significativos no que diz respeito à área foliar por planta em todos os dias de observação. **4.2.4Monopodias por planta**

Os dados relativos ao número médio de monopódios por planta são apresentados no quadro 10.

Efeito do espaçamento

Aos 60 DAS, o efeito do espaçamento nas monopodias por planta não foi significativo. Tendência semelhante foi observada aos 90 DAS.

Efeito do azotoAos 60 DAS, a aplicação de nitrogénio a 100 kg/ha registou um número significativamente maior de monopódios por planta, do que 80 kg e 60 kg/ha. Com 80 kg de N/ha e 60 kg de N/ha, o número de monopódios foi igual.

Aos 90 DAS, a aplicação de 100 kg N/ha foi igual a 80 kg N/ha e significativamente superior a 60 kg N/ha. Com 80 kg N/ha e 60 kg N/ha, o número de monopodias foi equivalente.

Efeito de interação

Os efeitos de interação devidos aos diferentes tratamentos em estudo não foram significativos no que diz respeito ao número de monopódios por planta durante os dois dias de observações.

Tabela 10. Número médio de ramos monopodiais por planta influenciado por diferentes tratamentos em vários estágios de crescimento da cultura.

Tratamentos	Dias após a sementeira	
	60	90
Espaçamento (cm)		
S_i - 90 x 60	1.26	1.53
S2 - 90 x 75	1.26	1.57
S3 - 90 x 90	1.37	1.68
SEm +	0.058	0.055
CD a 5%	NS	NS
Azoto (kg/ha)		
N_i - 60	1.06	1.49
N2 - 80	1.15	1.58
N3 - 100	1.68	1.71
SEm +	0.058	0.055
CD a 5%	0.17	0.16
Interação (S x N)		
SEm +	0.10	0.096
CD a 5%	NS	NS
Média geral	1.29	1.59

4.2.5Número   de simpódios por planta

Os dados sobre ramos simpodiais por planta registados aos 60, 90, 120, 150, 180 DAS e na colheita são apresentados no quadro 11, que foi significativamente influenciado pelo espaçamento e pelos níveis de azoto.

Efeito do espaçamento

Aos 60 DAS, o efeito do espaçamento no número de simpódios não foi significativo.

Aos 90 DAS, o espaçamento 90 x 90 cm registou o número máximo de simpódios, que foi igual ao espaçamento 90 x 75 cm e significativamente superior ao espaçamento 90 x 60 cm. O número de simpódios no espaçamento 90 x 75 cm também foi significativamente maior do que no espaçamento 90 x 60 cm.

Aos 120 DAS, o número de simpatias registou um máximo a 90 x 90 cm, que foi igual a 90 x 75 cm e significativamente superior a 90 x 60 cm. A 90 x 75 cm e a 90 x 60 cm, o número de simpódios foi igual. Uma tendência semelhante foi observada aos 150 DAS.

Aos 180 DAS, o espaçamento 90 x 90 cm registou um número significativamente maior de simpodias do que 90 x 75 cm e 90 x 60 cm. No entanto, estes últimos foram iguais entre si. Tendência semelhante foi observada aos 150 DAS.

Efeito do azoto

Aos 60 DAS, a aplicação de 100 kg N/ha produziu um número significativamente maior de simpodias do que 80 kg N/ha, que foi significativamente superior a 60 kg N/ha. Tendência semelhante foi observada aos 90 e 120 DAS.

Aos 150 DAS, a aplicação de 100 kg N/ha produziu um maior número de simpodias, que foi igual a 80 kg N/ha e significativamente

Tabela 11. Número médio de ramos simpodiais por planta como influenciado por diferentes tratamentos em várias fases de crescimento.

Tratamentos	Dias após a sementeira					
	60	90	120	150	180	Na colheita
Espaçamento (cm)						
si - 90 x 60	11.58	21.64	27.56	29.88	30.94	31.44
S2 - 90 x 75	11.71	23.38	28.13	30.44	31.27	31.67
S3 - 90 x 90	11.88	23.86	30.00	32.38	33.94	34.24
SEm +	0.13	0.45	0.63	0.67	0.76	0.79
CD a 5%	NS	1.36	1.91	2.02	2.29	2.37
Azoto (kg/ha)						
Ni - 60	11.13	20.27	25.54	28.62	29.50	30.00
N2 - 80	11.82	23.28	29.06	31.87	32.27	32.67
N3 - 100	12.23	25.23	31.08	32.22	34.38	34.68
SEm +	0.13	0.45	0.63	0.67	0.76	0.79
CD a 5%	0.40	1.36	1.91	2.02	2.29	2.37
Interação (S x N)						
SEm +	0.23	0.79	1.10	1.16	1.32	1.36
CD a 5%	NS	NS	NS	NS	NS	NS
Média geral	**11.72**	**22.92**	**28.56**	**30.90**	**32.05**	**32.45**

superior a 60 kg N/ha. No entanto, 80 kg N/ha foram significativamente superiores a 60 kg N/ha. Tendência semelhante foi observada aos 180 DAS e na colheita.

Efeito de interação

O efeito de interação entre o espaçamento e o azoto não foi significativo no que diz respeito aos simpódios por planta em todas as fases de crescimento da cultura.

4.2.   6Peso seco total médio por planta

Os dados sobre o peso da matéria seca total por planta registados em várias fases de crescimento da cultura são apresentados no quadro 12.

O peso médio da matéria seca total por planta aumentou até aos 180 DAS. A taxa de incremento foi rápida durante 60 e 120 DAS, e diminuiu durante 120 a 180 DAS, o peso total da matéria seca foi reduzido na colheita devido à senescência das folhas.

Efeito do espaçamento

Aos 30 DAS, as diferenças entre os vários espaçamentos não foram significativas. Tendência semelhante foi observada aos 180 DAS

Aos 60 DAS, o espaçamento de 90 x 90 cm registou um peso de matéria seca mais elevado, que foi igual ao de 90 x 75 cm e significativamente superior ao de 90 x 60 cm. O peso da matéria seca nos espaçamentos 90 x 75 cm e 90 x 60 cm foram iguais entre si.

Aos 90 DAS e na colheita, a produção de matéria seca a 90 x 90 cm foi significativamente superior a 90 x 75 cm e 90 x 60 cm. No entanto, os dois últimos estavam a par um do outro. Tendência semelhante foi observada na colheita.

Aos 120 DAS, o espaçamento 90 x 90 cm produziu significativamente mais matéria seca do que 90 x 60 cm. Da mesma forma, o espaçamento 90 x 75 cm registou

Tabela 12. Peso médio de matéria seca total (g) por planta influenciado por diferentes tratamentos em vários estágios de crescimento da cultura.

Tratamentos	Dias após a sementeira						
	30	60	90	120	150	180	Na colheita
Espaçamento (cm)							
Si - 90 x 60	2.02	79.33	205.78	311.11	361.53	369.44	356.11
S2 - 90 x 75	2.33	84.11	209.11	316.00	370.36	380.00	357.56
S3 - 90 x 90	2.40	93.77	218.56	321.44	378.91	382.91	370.78
SEm +	0.18	3.25	2.64	1.09	2.28	5.65	2.78
CD a 5%	NS	9.75	7.91	3.26	6.84	NS	8.33
Azoto (kg/ha)							
Ni - 60	2.04	6.400	197.07	300.44	350.56	354.56	346.64
N2 - 80	2.15	90.00	40.36	318.33	370.27	383.04	356.13
N3 - 100	2.56	103.22	226.02	329.78	389.98	403.07	381.67
SEm +	0.18	3.25	2.64	1.09	2.28	5.65	2.78
CD a 5%	Ns	9.75	7.91	3.26	6.84	16.93	8.33
Interação(SxN)							
SEm +	0.32	5.64	4.57	1.89	3.96	9.79	4.82
CD a 5%	NS	NS	NS	NS	NS	NS	NS
Média geral	**2.25**	**85.74**	**211.15**	**316.18**	**370.27**	**381.55**	**361.48**

significativamente mais matéria seca do que 90 x 60 cm. Tendência semelhante foi observada aos 150 DAS.

Efeito do azoto

A acumulação de matéria seca foi significativamente influenciada pelo azoto em todas as fases de crescimento, exceto aos 30 DAS.

Aos 60 DAS, a aplicação de 100 kg N/ha produziu matéria seca significativamente mais elevada do que 60 e 80 kg N/ha. Da mesma forma, a produção de matéria seca a 80 kg N/ha foi significativamente superior a 60 kg N/ha. Tendência semelhante foi observada aos 90, 120, 150, 180 DAS e na colheita.

Efeito de interação

O efeito da interação entre o espaçamento e o azoto não foi significativo no que diz respeito à acumulação de matéria seca total por planta em todas as fases de crescimento da cultura.

4.3 Caracteres que contribuem para o rendimento

Os dados sobre os caracteres que contribuem para o rendimento, nomeadamente o número de cápsulas colhidas/planta, o rendimento por planta, o peso das cápsulas e o rendimento do algodão em caroço, afectados pelos diferentes tratamentos, são apresentados no Quadro 13.

4.3.1 Número de cápsulas colhidas por planta

O número médio de cápsulas colhidas por planta foi de 38,60.

Efeito do espaçamento

O número máximo de cápsulas colhidas (44,97) foi observado no espaçamento 90 x 90 cm, que foi significativamente maior do que 90 x 75 cm e 90 x 60 cm. A cápsula colhida no espaçamento 90 x 75 cm foi significativamente maior do que no espaçamento 90 x 60 cm.

Tabela 13. Caracteres que contribuem para o rendimento e rendimento do algodão (kg/ha) influenciados por diferentes tratamentos

Tratamentos	Número de cápsulas colhidas por planta	Rendimento por planta (g)	Peso da cápsula (g)	Rendimento (kg/ha)
Espaçamento (cm)				
S$_i$ - 90 x 60	32.29	149.20	4.58	2670.40
S2 - 90 x 75	38.56	182.02	4.59	2622.40
S3 - 90 x 90	44.97	213.07	4.59	2568.70
SEm +	1.40	6.49	0.0081	99.03
CD a 5%	4.20	19.44	NS	NS
Azoto (kg/ha)				
N$_i$ - 60	36.69	166.64	4.46	2409.90
N2 - 80	41.40	195.04	4.61	2834.40
N3 - 100	37.73	182.60	4.71	2617.20
SEm +	1.40	6.49	0.0081	99.03
CD a 5%	NS	19.44	0.024	296.45
Interação (S x N)				
SEm +	2.43	11.25	0.014	171.53
CD a 5%	NS	NS	NS	NS
Média geral	**38.60**	**181.42**	**4.59**	**2620.50**

Efeito do azoto

O número de cápsulas colhidas foi influenciado pelos diferentes níveis de azoto, mas não atingiu o nível de significância. Entre os diferentes níveis de azoto, 80 kg N/ha registou o maior número de cápsulas colhidas por planta (41,40), seguido de 100 kg e 60 kg N/ha.

Efeito de interação

A interação entre o espaçamento e o azoto não foi significativa no que diz respeito ao número de cápsulas colhidas por planta.

4.3.2 Rendimento por planta (g)

O rendimento médio por planta da parcela experimental foi de 181,42g.

Efeito do espaçamento

O maior rendimento por planta foi registado no espaçamento 90 x 90 cm, que foi significativamente superior ao espaçamento 90 x 75 cm e 90 x 60 cm. O rendimento

por planta a 90 x 75 cm foi significativamente superior a 90 x 60 cm. Efeito do azoto
A aplicação de 80 kg N/ha registou um rendimento máximo por planta (195,04 g) que foi igual a 100 kg N/ha e significativamente superior a 60 kg N/ha. O rendimento por planta com 100 kg de N/ha e 60 kg de N/ha foi idêntico.

Efeito de interação

A interação entre o espaçamento e o azoto não foi significativa no que diz respeito ao rendimento por planta.

4.3.3 Peso da cápsula (g)

O peso médio das cápsulas por planta foi de 4,59 g.

Efeito do espaçamento

O peso médio da cápsula não foi influenciado significativamente pelos diferentes espaçamentos entre plantas em estudo.

Efeito do azoto

A aplicação de 100 kg N/ha registou o maior peso de cápsula (4,71 g), que foi significativamente superior a 60 e 80 kg N/ha. O peso da cápsula a 80 kg N/ha também foi significativamente superior a 60 kg N/ha.

Efeito de interação

O efeito de interação devido aos diferentes tratamentos em estudo não foi significativo no que diz respeito ao peso médio das cápsulas por planta.

4.3.4 Rendimento de algodão em caroço por hectare (kg)

Os dados relativos ao rendimento do algodão em caroço foram influenciados significativamente pelos diferentes tratamentos. O rendimento médio do algodão em caroço foi de 2620,5 kg/ha.

Efeito do espaçamento

O rendimento do algodão em caroço foi influenciado pelos diferentes espaçamentos entre plantas, mas não atingiu o nível de significância. Entre os diferentes espaçamentos entre plantas, 90 x 60 cm registou o maior rendimento de algodão em caroço (2670,40 kg/ha), seguido de 90 x 75 e 90 x 90 cm.

Efeito do azoto

A produção máxima de algodão em caroço de 2617 kg/ha foi observada com 80 kg

N/ha, que foi significativamente superior a 60 kg N/ha e igual a 100 kg N/ha. O rendimento do algodão em caroço com 100 kg de N e 60 kg de N/ha foi idêntico. O rendimento mais baixo do algodão em caroço (2409,9 kg/ha) foi observado com 60 kg N/ha.

Efeito de interação

A interação entre o espaçamento e o azoto não foi significativa no que diz respeito ao rendimento do algodão em caroço.

4.4 Caracteres de qualidade

Os dados sobre os parâmetros de qualidade, nomeadamente a percentagem de descaroçamento, o comprimento da auréola, o índice de fibras, o índice de sementes, o índice de precocidade e o índice de colheita são apresentados no quadro 14, que indica que o espaçamento e o azoto não têm um efeito significativo nos caracteres de qualidade, exceto no índice de colheita.

4.4.1 Percentagem de descaroçamento

A percentagem média de descaroçamento foi de 42,18 por cento. A percentagem de descaroçamento não foi influenciada pelo espaçamento e pelo azoto.

Efeito do espaçamento

O espaçamento não teve um efeito significativo na percentagem de descaroçamento.

Efeito do azoto

Os dados apresentados no quadro 14 indicam que o azoto não teve um efeito significativo na percentagem de descaroçamento. No entanto, verificou-se uma maior percentagem de descaroçamento com 80 kg N/ha.

Efeito de interação

O efeito de interação não foi significativo no que respeita à percentagem de descaroçamento.

4.4.2 Comprimento da auréola

O comprimento médio do halo foi de 25,81 mm e não foi influenciado pelo espaçamento e pelo azoto.

Quadro 14. Dados sobre estudos pós-colheita em diferentes tratamentos.

Tratamentos	Ginásio (%)	Comprimento do halo (mm)	Índice de cotão	Índice de sementes	Índice de precocidade	Índice de colheitas
Espaçamento (cm)						
si - 90 x 60	42.12	25.74	6.37	8.76	0.68	0.38
S2 - 90 x 75	42.10	25.91	6.36	8.75	0.68	0.48
S3 - 90 x 90	42.33	25.78	6.45	8.80	0.69	0.56
SEm +	0.69	1.03	0.31	0.31	0.035	0.019
CD a 5%	NS	NS	NS	NS	NS	0.057
Azoto (kg/ha)						
Ni - 60	42.06	26.21	6.41	8.27	0.73	0.45
N2 - 80	42.25	25.79	6.42	8.78	0.68	0.45
N3 - 100	42.23	25.43	6.36	9.25	0.64	0.52
SEm +	0.69	25.43	6.36	9.25	0.64	0.52
CD a 5%	NS	1.68	NS	NS	NS	0.057
Interação (S x N)						
SEm +	1.20	1.78	0.54	0.54	0.061	0.033
CD a 5%	NS	NS	NS	NS	NS	NS
Média geral	**42.18**	**25.81**	**6.39**	**8.76**	**0.68**	**0.47**

Efeito do espaçamento

O comprimento do halo não diferiu significativamente em função do espaçamento. Os valores mais altos de comprimento de halo foram observados em 90 x 75 cm e os mais baixos em 90 x 60 cm.

Efeito do azoto

Os níveis de azoto não mostraram qualquer efeito significativo no comprimento da auréola. No entanto, o valor mais elevado do comprimento da auréola foi registado com 80 kg N/ha.

Efeito de interação

O efeito da interação entre o espaçamento e o azoto não foi significativo no que diz respeito ao comprimento da auréola.

4.4.3   Índice de cotão

O valor médio do índice de fiapos foi de 6,39, influenciado pelo espaçamento e pelos níveis de azoto.

Efeito do espaçamento

As diferenças no índice de fibra devido aos espaçamentos não foram significativas. No entanto, foram registados valores mais elevados no espaçamento 90 x 90 cm. **Efeito do azoto**

As diferenças no índice de fibra devido aos níveis de azoto não foram significativas. O índice máximo de fibra foi registado com 80 kg N/ha e o mais baixo com 100 kg N/ha.

Efeito de interação

Os efeitos da interação entre o espaçamento e o azoto não foram evidentes.

4.4.4 Índice de sementes

O valor médio do índice de sementes foi de 8,76, influenciado pelo espaçamento e pelos níveis de azoto.

Efeito do espaçamento

O índice de sementes não diferiu significativamente em função do espaçamento. No entanto, o índice máximo de sementes foi registado com 90 x 90 cm.

Efeito do azoto

As diferenças no índice de sementes devido aos diferentes níveis de azoto não foram significativas. A aplicação de 180 kg N/ha registou um índice de sementes mais elevado do que os outros níveis de N.

Efeito de interação

O efeito de interação não foi evidente no que diz respeito ao índice de sementes.

4.4.5 Índice de precocidade

O valor médio do índice de precocidade foi de 0,68. O espaçamento e o azoto não tiveram efeito significativo no índice de precocidade.

Efeito do espaçamento

O índice de precocidade não foi afetado significativamente pelos espaçamentos em estudo. No entanto, o espaçamento 90 x 90 cm registou um valor mais elevado de índice de colheita.

Efeito do azoto

Os níveis de azoto não produziram efeitos significativos no índice de precocidade. No entanto, 80 kg N/ha produziu um valor mais elevado de índice de precocidade.

Efeito de interação

Não houve interação entre o espaçamento e o azoto no índice de precocidade.

4.4.6 Índice de colheita

O valor médio do índice de colheita foi de 0,47. O índice de colheita foi influenciado significativamente pelo espaçamento e pelo azoto.

Efeito do espaçamento

O espaçamento de 90 x 90 cm registou um índice de colheita significativamente mais elevado do que 90 x 75 cm e 90 x 60 cm. Do mesmo modo, o espaçamento de 90 x 90 cm registou um índice de colheita significativamente superior ao de 90 x 60 cm.

Efeito do azoto

A aplicação de 100 kg N/ha produziu um índice de colheita significativamente mais elevado do que 60 e 80 kg N/ha. As duas últimas foram equivalentes. .

Efeito de interação

O efeito de interação não foi significativo no que diz respeito ao índice de colheita.

4.5 Captação de azoto

Os dados relativos à absorção média de azoto (kg/ha) pelo híbrido de algodão deshi são apresentados no Quadro 15. A absorção média de azoto pela planta na colheita foi de 72,82 kg/ha.

Efeito do espaçamento

A absorção média de azoto pelo algodão em vários espaçamentos não foi significativa.

Tabela 15. Absorção de azoto pelo algodão influenciada por diferentes tratamentos na colheita

Tratamentos	Absorção de N (kg/ha)		Absorção total (kg/ha)
	Palha	Semente	
Espaçamento (cm)			
S_1 - 90 x 60	46.58	27.04	73.62
S2 - 90 x 75	46.41	26.36	72.77
S3 - 90 x 90	45.85	26.22	72.07
SEm +			
	1.74	0.94	2.67
CD a 5%	NS	NS	NS
Azoto (kg/ha)			
N_1 - 60	40.18	22.73	62.95
N2 - 80	47.76	27.51	75.27
N3 - 100	50.90	29.37	80.27
SEm +			
	1.74	0.94	2.67
CD a 5%	5.22	2.82	8.01
Interação (S x N)			
SEm +			
	3.02	1.63	4.64
CD a 5%	NS	NS	NS
Média geral	**46.28**	**26.53**	**72.82**

Efeito do azoto

A aplicação de 100 kg N/ha registou uma absorção máxima de azoto (80,27 kg/ha) que foi igual à de 80 kg N/ha e significativamente superior à de 60 kg N/ha. A absorção total a 80 kg N/ha foi superior a 60 kg N/ha.

Efeito de interação

Nenhum dos efeitos de interação foi considerado significativo no que respeita à absorção de azoto.

4.6 Disponibilidade de azoto no solo aquando da colheita

Efeito do espaçamento

O efeito do espaçamento no azoto disponível não foi significativo. No entanto, o azoto disponível máximo (110,61 kg/ha) foi observado no espaçamento 90 x 60 cm.

Efeito do azoto

A aplicação de 100 kg de N/ha registou o máximo de azoto disponível (122,77 kg/ha) no solo na colheita, significativamente superior aos 80 kg e 60 kg de N/ha.

Efeito de interação

Nenhum dos efeitos de interação foi considerado significativo no que diz respeito ao azoto disponível no solo aquando da colheita.

Tabela 16. Efeito da gestão dos nutrientes na disponibilidade de N no solo aquando da colheita

Tratamentos	N disponível (kg/ha)
Espaçamento (cm)	
S_1 - 90 x 60	110.61
S2 - 90 x 75	110.19
S3 - 90 x 90	109.37
SEm +	2.56
CD a 5%	NS
Azoto (kg/ha)	
N_1 - 60	99.97
N2 - 80	107.43
N3 - 100	122.77
SEm +	2.56
CD a 5%	7.68
Interação (S x N)	
SEm +	4.40
CD a 5%	NS
Média geral	**110.05**
N disponível antes da sementeira	**104.25**

CAPÍTULO V

DISCUSSÃO

Os resultados do presente inquérito são discutidos brevemente neste capítulo.

5.1 Solo e clima

A partir da análise do solo (Quadro 1), observa-se que o solo da parcela experimental era de textura argilosa, pobre em azoto disponível (104,25 kg ha^{-1}), médio em fósforo disponível (22,42 kg ha^{-1}), rico em potássio disponível (326,00 kg ha^{-1}) e médio em carbono orgânico.

Os dados meteorológicos (Tabela 2) durante o período experimental indicaram que a precipitação total de 835,8 mm, distribuída em 40 dias, foi recebida durante o período de crescimento da cultura, que foi abaixo do normal (911,00 mm). A germinação da cultura foi satisfatória. No entanto, o stress hídrico de 16 semanas foi observado a partir de 45 MW.

Durante as fases iniciais do crescimento do algodão (julho), a quantidade suficiente de precipitação foi recebida, o que ajudou a um melhor estabelecimento das plântulas. A adubação de cobertura foi concluída durante a primeira quinzena de agosto, seguida de precipitação suficiente que favoreceu o crescimento normal da cultura. Durante o mês de setembro, a precipitação foi subnormal, o que coincidiu com a parte final do período de crescimento do algodão, resultando num crescimento normal da cultura. Mais tarde, durante 44 MW, registou-se uma pequena quantidade de precipitação que ajudou ao desenvolvimento das cápsulas. A precipitação quase cessou a partir de novembro. A incidência de pragas de insectos foi baixa, o que favoreceu o rendimento satisfatório do híbrido de algodão deshi.

A temperatura durante o período experimental foi bastante estável. A temperatura máxima e mínima situaram-se entre 27,2^{O} C e 37,1^{O} C e entre 8,2^{O} C e 22,7^{O} C, respetivamente, durante o período de crescimento da cultura.

A humidade relativa oscilou entre 62 e 94% durante a manhã e à tarde entre 27 e 72%. Foi bastante alta durante o período inicial de crescimento da cultura, bem como durante o período final de desenvolvimento da cultura, o que foi considerado congénito para o desenvolvimento vegetativo e de cápsulas da cultura.

5.2 Crescimento e desenvolvimento

Com o objetivo de compreender as fases de crescimento da cultura, indicou-se que até aos 30 DAS a altura, a área foliar, as folhas funcionais e a matéria seca eram muito reduzidas e podem ser designadas como fase de plântula. Estes caracteres aumentaram a partir dos 30 DAS.

Aos 60 DAS de altura, a área foliar e os ramos simpodiais contribuíram com 63,67, 38,76 e 36,11 por cento, respetivamente, para o seu crescimento máximo. Isto pode ser designado como fase formativa ou de grande crescimento ou fase vegetativa da cultura do algodão. Mais tarde, começou a floração e iniciou-se a fase de desenvolvimento da cápsula. Durante os 60 a 90 DAS, a contribuição das folhas, do caule e dos ramos foi máxima. Da mesma forma, a fase reprodutiva sobrepôs-se durante o período em que se produziu o máximo de cápsulas, podendo ser considerada como a fase de desenvolvimento da cápsula. Além disso, o ganho de matéria seca foi proveniente das cápsulas, uma vez que a área foliar e os ramos foram quase constantes até 120 DAS e, sucessivamente, houve senescência foliar. Esta fase pode ser considerada como maturidade.

Efeito do espaçamento

Os espaçamentos das plantas influenciaram a altura da planta, o número de folhas, a área foliar, os simpódios por planta.

Vários espaçamentos de plantas influenciaram a altura da planta. A altura máxima (242,89 cm) foi encontrada numa população de plantas mais elevada (90 x 60 cm). Quanto maior o número de plantas por unidade de área, maior a altura por planta, uma vez que a competição pela radiação solar existia entre as plantas, que procuravam mais radiação solar para o processo de fotossíntese e, assim, as plantas produziam mais altura. Moola Ram e Giri (2006) também observaram que a altura das plantas era mais elevada na densidade de plantas mais elevada (55555 plantas/ha) e mais baixa na densidade de plantas mais baixa (27777 plantas/ha).

A acumulação total de matéria seca por planta em todas as fases de crescimento da cultura foi influenciada pelos diferentes espaçamentos entre plantas. É evidente que o espaçamento entre plantas, ou seja, 90 x 90 cm, registou uma acumulação máxima de matéria seca por planta (388,91 g) contra 371 g no espaçamento entre plantas de 90 x 60 cm. A maior produção de biomassa em densidades de plantas mais baixas pode dever-se à interceção de mais luz e à atividade fotossintética que se reflecte numa maior acumulação de biomassa. Resultados semelhantes foram registados anteriormente por Moola Ram e Giri (2006).

O número de ramos simpodiais por planta também foi influenciado por vários espaçamentos entre plantas. O número de ramos simpodiais por planta (34,24) foi maior no espaçamento entre plantas mais elevado (90 x 90 cm). Este facto deve-se a um melhor arejamento e a uma interceção adequada da luz e a uma menor competição por nutrientes, o que resultou numa maior fotossíntese e, por sua vez, ajudou a produzir um maior número de ramos simpodiais por planta. Este facto confirma os resultados apresentados por Bastia (2000).

Efeito do azoto

A maioria das culturas deu uma boa resposta aos níveis de azoto. O algodão mostrou uma resposta quase universal a diferentes níveis de aplicação de azoto. O elemento azoto desempenha um papel importante na melhoria dos atributos gerais de crescimento e rendimento e, finalmente, no rendimento do algodão em caroço. Além disso, o rendimento do algodão em caroço é uma função de todos os atributos de rendimento.

A altura das plantas foi profundamente influenciada por cada aumento do nível de azoto. A altura máxima de 244 cm foi obtida com 100 kg de N/ha, enquanto que a altura máxima foi baixa (235,4 cm) com níveis mais baixos de azoto. A altura máxima sob um nível elevado de azoto pode ser maior devido ao papel do azoto na síntese de proteínas, que é dispensável para a estrutura da planta, além de ser parte integrante da clorofila, que é o principal absorvente da energia luminosa necessária para a fotossíntese, resultando em melhor altura como consequência. Resultados semelhantes foram registados por Katkar *et al.* (2000).

O número de folhas funcionais por planta aumentou com o aumento do nível de fertilidade. Isso pode ser devido ao maior número de ramos por planta, como observado sob um nível mais alto de fertilizante, atribuído a um maior número de entrenós, como refletido pela maior altura e, portanto, maior número de folhas funcionais por planta. Esses resultados estão de acordo com os relatados por Katkar *et al.* (2000).

O azoto tem um efeito pronunciado nos ramos. Os monopódios e simpódios aumentaram com os níveis mais elevados de azoto (Quadro 10, 11). Isto pode ser devido a uma maior estimulação das enzimas presentes no tecido meristemático devido a um nível mais elevado de azoto. Resultados semelhantes foram obtidos por Thirumurugan *et al.* (1984).

A produção total de matéria seca aumentou com o aumento das doses de azoto e o máximo foi alcançado com 100 kg N/ha. O aumento da produção de matéria seca foi atribuído principalmente ao aumento da altura da planta, número de ramos e folhas nesta dose de azoto. Observações semelhantes foram registadas por katkar *et al.* (2000)

5.3 Rendimento e atributos do rendimento

Efeito do espaçamento

Entre os caracteres que contribuem para o rendimento, o número de cápsulas colhidas e o rendimento de algodão em caroço por planta foram afectados por vários espaçamentos entre plantas.

O aumento do número de cápsulas colhidas e do rendimento de algodão em caroço por planta foi observado com um maior espaçamento entre plantas (90 x 90 cm). Isto pode ser devido ao facto de que o melhor arejamento e a interceção adequada da luz e a menor competição por nutrientes resultaram na síntese de fotossintatos mais elevados e, por sua vez, ajudaram a criar um maior número de cápsulas por planta com um maior espaçamento entre plantas. Resultados semelhantes foram registados por Katore *et al.* (2006a) e Nehra *et al.* (2003).

O rendimento do algodão em caroço em espaçamentos mais próximos aumentou, o que pode ser devido à elevada densidade de plantas, que foi responsável pela colheita de mais cápsulas por unidade de área, o que se reflectiu num aumento do rendimento. Embora o rendimento por planta no espaçamento mais largo tenha sido mais elevado, não pode compensar o número total de cápsulas por unidade de área e o rendimento. Resultados semelhantes foram registados anteriormente por Moola Ram e Giri (2006).

Efeito do azoto

Entre os caracteres que contribuem para o rendimento, o número de cápsulas colhidas por planta, o rendimento por planta (g), o peso da cápsula (g) e o rendimento (kg/ha) foram afectados por vários níveis de azoto. O aumento do número de cápsulas colhidas por planta, o rendimento por planta, o peso da cápsula e o rendimento (kg/ha) foram observados até 80 kg N/ha e diminuíram ainda mais a 100 kg N/ha. Isto pode ser devido a um crescimento vegetativo excessivo da cultura a 100 kg N/ha em comparação com 80 kg e 60 kg N/ha. A um nível mais elevado de azoto, o crescimento vegetativo foi maior, o que pode dever-se a uma maior quantidade de fotossintéticos translocados para o ponto de crescimento em vez do desenvolvimento económico das cápsulas. O aumento do rendimento a 80 kg N/ha foi atribuído principalmente a ramos simpodiais mais altos e mais cápsulas. Resultados semelhantes foram registados por Sharma *et al.* (2001).

5.4   Parâmetros de qualidade

Os parâmetros de qualidade, nomeadamente a percentagem de descaroçamento, o índice de fibras, o comprimento da auréola, o índice de sementes e o índice de precocidade, não foram influenciados por vários espaçamentos entre plantas e níveis de azoto. Os parâmetros de qualidade são maioritariamente governados pela herança genética da planta, sendo que o nutriente e o espaçamento têm uma resposta importante para melhorar a qualidade da planta. No presente estudo, observou-se uma melhoria marginal com o aumento da aplicação de azoto na maioria dos parâmetros de qualidade, mas que não se reflectiu numa melhoria significativa. Os resultados estão em conformidade com os observados anteriormente por Abraham *et al.* (1991), Tomar *et al.* (2002), Hallikeri *et al.* (2004) e Halemani *et al.* (2004).

5.5   Absorção de nutrientes

No entanto, o aumento da população de plantas foi responsável por uma maior absorção de azoto (73,62 kg/ha) em comparação com uma menor população de plantas (72,07 kg/ha), mas o aumento da absorção de azoto não atingiu o nível de significância.

A absorção máxima de azoto foi observada a níveis mais elevados de azoto. O aumento do azoto resultou num aumento da absorção de N pela planta e o resultado foi significativo. O aumento de cada nível de azoto resultou numa absorção significativa pela planta e a maior (80,27 kg N/ha) foi observada a 100 kg N/ha. Isto pode ser devido à fácil absorção de azoto a partir de quantidades prontamente disponíveis. Resultados semelhantes foram registados por Shanmugam *et al.* (1977) e Dhillon *et al.* (2006).

CAPÍTULO-VI

RESUMO E CONCLUSÃO

Concluiu-se uma investigação de campo intitulada "Resposta do híbrido de algodão Deshi a diferentes densidades de plantas e níveis de azoto" em solos argilosos no Departamento de Agronomia da Universidade Agrícola de Marathwada, Parbhani, durante a estação kahrif de 2007-08, a fim de descobrir a densidade de plantas adequada para um crescimento e rendimento óptimos do algodão e otimizar o nível de azoto para um maior rendimento do algodão para um melhor crescimento e rendimento

.

A experiência foi desenhada num esquema fatorial de blocos aleatórios com 9 combinações de tratamentos (3 espaçamentos e 3 níveis de azoto) replicados três vezes. O solo do campo experimental era bem drenado, de textura argilosa, baixo em azoto disponível (104,25 kg/ha), médio em fósforo disponível (22,42 kg/ha), alto em potássio disponível (326 kg/ha) e ligeiramente alcalino em reação.

O tamanho bruto da parcela foi de 6,3 m x 6,3 m e o tamanho líquido da parcela foi de 4,5 m x 4,5 m (S1 e s_2) e 4,5 m x 4,2 m (s_3). Antes da sementeira, foram aplicados 50% de azoto, dose completa de P_2O_5 e K_2O por hectare no momento da sementeira e os restantes 50% de azoto foram aplicados 36 DAS como cobertura.

A observação do crescimento, rendimento e qualidade foi registada em intervalos periódicos para avaliar os efeitos do tratamento. As principais conclusões registadas durante o curso da investigação são resumidas a seguir.

Os dados sobre a contagem de emergência, bem como o estande final de plantas foram uniformes, indicando que as diferenças obtidas foram devidas ao efeito real do tratamento. **6.   1Espaçamento das plantas**

A densidade de plantas em diferentes espaçamentos (90 x 60 cm, 90 x 75 cm e 90 x 90 cm) mostrou um efeito significativo em vários caracteres de crescimento, ou seja, altura da planta, número de folhas funcionais, área foliar média por planta, ramos simpodiais por planta e peso de matéria seca por planta. Os ramos monopodiais não foram afectados pelos diferentes espaçamentos entre plantas.

Os atributos de rendimento, como o número de cápsulas colhidas e o rendimento por planta, foram influenciados pelos diferentes espaçamentos. Observou-se uma melhoria profunda nestes atributos num espaçamento maior de 90 x 90 cm. O rendimento do algodão em caroço foi mais elevado numa densidade de plantas mais elevada (90 x 60 cm) em comparação com um espaçamento de plantas mais elevado de 90 x 90 cm.

A percentagem de descaroçamento, o índice de fibras, o índice de sementes, o comprimento da auréola e o índice de precocidade não foram influenciados pelos diferentes espaçamentos, mas o índice de colheita aumentou significativamente com o aumento do espaçamento entre plantas.

A absorção de azoto pela planta e o azoto disponível no solo aquando da colheita não foram influenciados pelos diferentes espaçamentos.

6. 2Nitrogénio

A aplicação de 60, 80 e 100 kg de azoto aumentou os caracteres de crescimento, nomeadamente a altura da planta, o número de folhas funcionais, a área foliar e a matéria seca por planta, à medida que o nível de azoto aumentava.

O número de cápsulas colhidas, o rendimento por planta e o rendimento do algodão em caroço foram mais elevados (2834,4 kg/ha) com 80 kg N/ha, o que foi significativamente superior a 60 kg N/ha.

Os caracteres de qualidade foram marginalmente influenciados pelo azoto. O comprimento da auréola, o índice de cotão e o índice de precocidade foram marginalmente afectados pelo aumento do azoto.

Foi observada uma maior absorção de azoto por cada aumento unitário dos níveis de azoto.

CONCLUSÕES

Com base nos resultados obtidos durante um ano de experimentação, são tiradas as seguintes conclusões.

1.	O espaçamento entre plantas de 90 x 60 cm é ótimo para colher o máximo crescimento e rendimento do algodão híbrido MRDC-227.

2.	Nitrogénio 80 kg/ha é suficiente para produzir o máximo rendimento de algodão.

3.	Não houve interação positiva entre o espaçamento e o azoto para melhorar o crescimento, o rendimento e a qualidade do algodão.

LITERATURA CITADA

Abraham, E.S., M.T. Danolli, V.R. Koraddi, A.K.Guggari e K.S.Kamat 1991. Effect of sowing dates, spancing and fertilizer levels on fibre properties of Sharda cotton (Efeito das datas de sementeira, espaçamento e níveis de fertilizante nas propriedades das fibras do algodão Sharda). J. Indian Soc. Cotton Improv., **16**(2):120-124.

Aher, R.P., S.D. Pgar, M.Y. Thombre e S.D. Patil. 1981. Efeito de diferentes espaçamentos, níveis de azoto e tempo de aplicação no rendimento do algodão H4 em condições de sequeiro. J. Cotton Res. Dev., **11**(1):4-6.

Anónimo. 2006. Coordenador de Projeto, Relatório Anual do AICCIP 2006. CRS, Mehboob Bagh, Pabhani.

Anónimo. 2006. Associação de esmagadores de sementes de algodão da Índia: 1-3.

Basavanneppa, M.A., S.S. Hallikeri, A.S. Channabasavanna e V.P. Nagalikar. 2000. Resposta do genótipo de algodão compacto e de maturação precoce às densidades de plantas na área do Projeto Tung Bhadra (TBP). J. Cotton Res. Dev., **14**(2):155-158.

Bastia, D.K. 2000. Resposta do algodão híbrido Savita a tratamentos de espaçamento e NPK em condições de sequeiro em Orissa. Indian J. agric. Sci., **70**(8):541-542.

Birajdar, J.M., B.N. Chavan e D.N. Arthamwar. 1977. Espaçamento e necessidades de azoto do algodão H4 em condições de sequeiro. Cotton. Dev., **7**(1):29-30.

Black, C.A. 1965. Method of soil analysis part - II Informal working bull. No. 28 FAO, Roma.

Blackman, V.H. 1919. A lei dos juros compostos e o crescimento das plantas. Ann. Bot., **33**:353-360.

Boonyong, B., P. Suriyapan e P. Somnus. 1978. Influência do azoto e do fósforo no crescimento, rendimento e qualidade das fibras do algodão irrigado na estação seca. Field Crop Abst., **32**(3):214.

Brar, A.S., A.P.S. Brar, R.S. Hatia e M.P. Singh. 2002. Resposta de variedades promissoras de algodão Deshi a diferentes datas de sementeira e espaçamentos. J. Cot. Res. Dev., **16**(1):32-34.

Chandra, J., M. Singh e M.S. Kairon. 1985. Productivity of different genotype of cotton (*Gossypium hirsutum*) as influenced by different levels of nitrogen and psacings.

Indian Soc. Cotton Improv. J., **10**(2):107-109.

Chhabra, K.L. e K.C. Bishnoi. 1993. Resposta de variedades americanas de algodão ao espaçamento entre plantas e níveis de azoto em caracteres de crescimento. J. Cotton Res. Dev., **7**(1):101-109.

Chopra, S.L. e J.S. Kanwar. 1976. Analytic agricultural chemistry, Kalyani publishers, New Delhi.

Devi, C.M., B.R. Reddy, P.M. Reddy e S.C. Reddy. 1996. Efeito dos níveis de azoto e da densidade das plantas no rendimento e na qualidade do algodão JKHY 1. Curr. Agri. Res., **8**(4):144-146.

Dhillon,G.S.,K.L.Chhabra e S.S.Punia. 2006. Efeito da geometria da cultura e da gestão integrada de nutrientes na qualidade da fibra e na absorção de nutrientes pela cultura do algodão. J.Cotton Res. Dev. **20**(2)221-223.

Dushev, E. e G. Nikolov. 1982. Effect of low plant densities on growth, yield and some fibre properties of Giza 75 cotton variety. Field Crop Abst., **35**(1):1025.

Ewedia, M.H.T., M.A. Rizk, E.A. Makram e A.M. Taleb. 1984. Efeito da densidade da planta no crescimento, rendimento e algumas propriedades da fibra da variedade de algodão Giza 75. Field Crop Abstr., **37**(3):202.

Gawad, A.A.A., A.E. Tabbakh, M.T. Fayed e S.I.S. Zahra. 1980. Análise do crescimento e eficiência da conversão de energia solar para várias taxas de fertilizantes azotados no algodão. Egyptian J. Agron, **5**(2):171-178.

Guggari, A.K., K.S. Kamath e V.R. Koradi. 1992. Resposta do algodão híbrido deshi (DDH 2) ao espaçamento e ao nível de fertilizante em condições de sequeiro. Karnataka J. Agric. Sci., **5**(1):9-12.

Halemani, H.L., S.S.Hallikeri, R.A. Nandagavi e S.S.Nooli. 2004. Desempenho de híbridos de algodão Bt em diferentes níveis de fertilizantes sob irrigação de proteção. Intern. Symp. Produção de culturas, 23-25 de novembro de 2004, UAS, Dharwad, 153-155.

Hallikeri, S.S., H.L. Halemani, R.A. Nandagavi e S.S.Nooli. 2004. Resposta de híbridos de algodão Mahyco Bt a níveis de fertilizantes sob irrigação de proteção. Intern. Symp. Produção de culturas, 23-25 de novembro de 2004, UAS, Dharwad, 139-

141.

Hussain, S.Z., F. Sheraz, M. Anwar, M.I. Gill e M.D. Baugh. 2000. Efeito da densidade das plantas e do azoto na produção de sementes de algodão da variedade CIM 443. Sarhad J. Agril, **16**(2):143-147.

Jadhao, J.K., A.M. Degaonkar e W.N. Narkhede. 1993. Performance of hybrid cotton (*Gossypium* sp.) cultivars at different plant densities and N levels under rainfed condition. Indian J. Agron, **38**(2):340-341.

Jain, S.C. e H.C. Jain. 1981. Parâmetros de rendimento do híbrido JKHY 1 (algodão) influenciados por diferentes pressões de plantação e níveis de fertilidade. Indian J. Agron, **26**(2):163-167.

Karnail Singh. 1977. Efeito do NPK no rendimento do algodão em caroço e no carácter auxiliar do algodão Buri. J. Res., Punjab Agril. Univ., **14**(1):18- 22.

Katkar, R.N., A.B. Turkhede, S.T. Wankhede e V.M. Solanke. 2000. Estudos sobre os requisitos agronómicos de uma cultura promissora de híbridos de algodão. Res., Hisar, **19**(3):525-526.

Katore J.R., S.T. Wankhade e B.M. Yadgirwar. 2006[b] . Caracteres de rendimento e de atribuição de rendimento de híbridos de algodão *hirsutum* influenciados pelo espaçamento e pelo fertilizante. Crop. prot. prod., **3**(1):92-94.

Katore, J.R., S.T. Wankhade, A.K. Chavan, M. Sajid e V.A. Tiwari 2006[a] . Efeito do espaçamento e dos níveis de fertilizante nos estudos de humidade do solo e na economia da cultura de híbridos de algodão *hirsutum* prot. Prod., **3**(1):26-28.

Kharche, S.G. e R.M. Deshpande. 1989. Resposta do algodão asiático à densidade de plantas e níveis de azoto em condições de sequeiro em Vertisols. Ann. Pl. Physiol., **3**(2):196-202.

Kherde, M.M. 1976. Investigaçâo agronómica sobre o algodão Varlaxmi. Tese de Mestrado (Agri.), Dr. PDKV, Akola.

Kubde, K.J. e B.V. Lakhdive. 1993. Efeito do azoto, fósforo e espaçamento no rendimento, qualidade e absorção de nutrientes do algodão *hirsutum*. PKV Res. J., **17**(12):231-232.

Maitra, S., A.K. Mondal, D.K. Roy e S.K. Samui. 2000. Effect of spacing and fertility levels on upland cotton (*Gossypium hirsutum*) in Sundarbans. Indian J. agric. Sci., **70**(5):323-324.

Moola Ram e A.N.Giri 2006. Resposta de variedades de algodão (*Gossypium Hirsutum*) recentemente lançadas a densidades de plantas e níveis de fertilizantes.J.Cotton Res.Dev. **20**(1):85-86.

Nandwal, A.S., B.R. Mar, B.D. Yadav e C.L. Goswami. 1982. Resposta da variedade de algodão americano ao azoto e ao espaçamento. Haryana agric. Univ., **8**(1):51-52.

Nandwate, H.D. e U.C. Upadhyay. 1978. Observação pós-colheita em algodão H-4 de sequeiro (*G. hirsutum* L.) em relação à manipulação agronómica. J. MPKV, **3**(1):62-64.

Narkhede, W.W., J.K. Jdahao, S.S. Bhatade e M.V. Dhoble. 2000. Resposta de variedades de algodão de terras altas (*Gossypium hirsutum*) a densidades de plantas e níveis de azoto em Vertisol em condições de sequeiro. J. Cotton Res. Dev., **14**(1):30-32.

Nehra, P.L. e P.D. Kumawat. 2003. Resposta de variedades de algodão *hirsutum* a espaçamentos e níveis de azoto. J. Cotton Res. Dev., **17**(1):41- 42.

Nehra, R.S., V. Singh, M.S. Kairon e K.P. Singh. 1986. Efeito da população de plantas e dos níveis de azoto nas variedades de algodão deshi. Haryana Agril. Univ. J. Res., **16**(4):382-386.

Okkia, A.H.H., M.H. Akkad, H.R. Hanif e M.A.A. Dayem. 1980. Efeito dos níveis de fertilizante azotado e da sua aplicação fraccionada na produção e precocidade do algodão Giza 69. Agric. Res. Dev., **58**(9):113-115.

Padaki, G.R., N.M. Reddy e S. Balsubramanian. 1977. Efeito da população de plantas e do azoto no rendimento e na qualidade do algodão. Cotton Dev., **7**(2):21-23.

Palomo, G.A.A., C. Godoy e J.F. Gonzalez. 2000. Redução do uso de fertilizantes azotados com novas cultivares de algodão: rendimento, componentes do rendimento e qualidade da fibra. Field Crop Abstr., **53**(1):78.

Panse, V.G. e P.V. Sukhatme. 1967. Statistical Methods for Agricultural Workers. ICAR, Nova Deli.

Patel, P.G., D.M. Patel e U.G. Patel. 1995. Requisitos agronómicos do híbrido de algodão deshi em relação à densidade das plantas e aos níveis de azoto e fósforo. Gujarat agric. Univ. Res. J., **20**(2):164-166.

Piper, C.S. 1966. Soil and plant analysis academic press, New York. pp:47- 77.

Ramana, M.V., V. Narayanamma e T. Bapireddy. 2000. Influência da população de plantas e dos níveis de azoto no algodão de sequeiro. J. Res. ANGRAU, **28**(4):16-18.

Ravankar, H.N. e G.S. Laharia. 1994. Resposta de variedades de algodão a níveis de azoto sob diferentes populações de plantas. PKV Res. J., **18**(1):104-105.

Shaikh, A.R., U.C. Upadhyay e R.A. Katare. 1981. Rendimento do algodão em caroço (*G. hirsutum*) (NHH 1) influenciado pela geometria da cultura e pelos níveis de azoto. J. Maharashtra Agric. Univ., **6**(2):126-127.

Shanmugham, K., Rao, H.K.N., Seshadri. V. Meenakshisundaram, P.C. e Kutty, K.N.J.1977.Plant density ,nitrogen response and correlation studies in *Gossypium barbadense* Linn. Var. 'Suvin' Madras agric. J. 64(10):634-640.

Sharma, J.K., A. Upadhyay, S.K. Khamparia, U.S. Mishra e K.C. Mandloi. 2001. Effect of spacing and fertility levels on growth and yield of *hirsutum* genotypes. J. Cotton. Res. Dev., **15**(2):151-153.

Sharma, J.K., S.K. Khamparia, G.S. Parsal, U.S. Mishra e K.C. Mandloi. 2000. Performance of cotton genotypes in relation of spacing and fertility levels in East Nimar. J. Cotton Res. Dev., **14**(2):235-237.

Sharma, S.R., J.S. Virk e H.P. Tripathi. 1984. Studies on arboretum cotton under different sowing dates, spacing and nitrogen levels. Indian J. Eco., **11**(2):266-270.

Shekhar, B.G., K.T.R. Prasad, V. Mahanthesh e S. Shivanna. 1999. Kapas yield and economics of hybrid cotton as influenced by inter and intra row spacing. Field Crop Abstr., **53**(11):322.

Sherry, R.J. e Arunkumar. 2004. Bt. Cotton Insect Resistance Management através da piramidina genética. Seed Tech. New, **34**(4):3-4.

Singh, J. e A.S. Warsi. 1985. Effect of sowing dates, row spacing and nitrogen level on ginning outturn and its component in (*Hirsutum*) cotton. Indian J. Agron, **30**(2):263-264.

Subbiah, B.V. e G.I. Asija. 1956. Procedimento rápido para a estimativa do azoto disponível no solo. Curr. Sci., **25**:250-260.

Tandon, H.L.S. (Eds). 1993. Methods of soil analysis, plants, water and fertilizers analysis, F.D.C.O., New Delhi.

Thirumurugan, V., S. Kolandaiswamy e P. Muthukrishnan. 1984. Estudos sobre a resposta do algodão híbrido C 135-156 a espaçamentos variados e níveis graduais de azoto. Madras agric. J., **71**(3):195-197.

Thokale, J.G., R.S. Raut e S.S. Mehtre. 2004. Efeito de fertilizantes e espaçamentos nos parâmetros de rendimento do híbrido interespecífico Phule-492 em condições de irrigação no verão. J.Cotton Res. Dev.**19**(1):167-168.

Tomar, R.S.S., A.L. Kushwaha e S.C. Pandey. 2002. Effect of row and intra row spacing on yield and quality of hybrid cotton (*Gossypium hirsutum*) under rainfed conditions. J. Cotton Res. Dev., **16**(1):24-26.

Tomar, S.K. e B.P. Dhyani. 1995. Resposta do algodão deshi ao fertilizante NPK em Western U.P. Indian J. Agron., **3**(2):151-152.

Turkhede, A.B., R.N. Katkar, S.T. Wankhade, V.M. Solanke e S.N.R. Potdukhe 2002 Requisitos agronómicos do algodão asiático pré-lançado (AKA-7).Res. on crops **3**(1): 23-26.

Vireshwar Singh, M.S. Kairon, Lajputraj e D.S. Nehra. 1981. Efeito do azoto e do espaçamento no crescimento e rendimento de variedades de algodão *hirsutum*. Cotton Dev., **11**(2):7-9.

Wali, B.M. e V.R. Karaddi. 1989. Estudos biométricos no algodão de sequeiro. I. Crescimento e rendimento. Mysore J. agric. Sci., **23**(4):441-446.

Wankhade, S.T. 1992. Efeito do espaçamento e das variedades no crescimento, rendimento e qualidade do algodão asiático (*Gossypium abroreum*) em condições de sequeiro. Indian J. Agron, **37**(3):523-526.

Wankhade, S.T. e B.G. Bathkal. 1994. Potencial de rendimento do algodão asiático sob diferentes níveis de azoto e densidade de plantas em condições de sequeiro. PKV Res. J., **18**(1):53-55.

Wankhade, S.T., A.B.Turkhede,R.N.Katkar,B.A.Sakhare e V.M.Solanke 2005. Efeito do espaçamento e do azoto no crescimento e rendimento do algodão híbrido deshi

AKDH 7.J.Cotton Res. Dev. **19**(1):74-76.

Wankhade, S.T., R.M. Kalore e A.K. Godbole. 1987. Relative performance of Asiatic cottons to plant densities. Annual of Plant Physiol, **7**(2):225-226.

Yadav, K.S., S.C. Deshmukh e R.P. Yadav. 1991. Performance of promising varieties of upland cotton (*Gossypium hirsutum*) at different fertility levels and plant densities under rainfed condition. Indian J. Agron, **36**(1):173-176.

Yaseen, A.I.H., A.Y. Negam e A.A. Hosny. 1990. Efeito do aumento da densidade populacional e do azoto no crescimento e rendimento da variedade de algodão Giza-75. Ann. Agric. Sci., **35**(2):751-760.

I want morebooks!

Buy your books fast and straightforward online - at one of world's fastest growing online book stores! Environmentally sound due to Print-on-Demand technologies.

Buy your books online at
www.morebooks.shop

Compre os seus livros mais rápido e diretamente na internet, em uma das livrarias on-line com o maior crescimento no mundo! Produção que protege o meio ambiente através das tecnologias de impressão sob demanda.

Compre os seus livros on-line em
www.morebooks.shop

info@omniscriptum.com
www.omniscriptum.com

OMNIScriptum

Printed by Books on Demand GmbH, Norderstedt / Germany